WISSENSCHAFT UND KULTUR

BAND I

WISSENSCHAFT UND KULTUR

BAND I

Arnold Böcklin: Architectura et Pictura

ANDREAS SPEISER

DIE MATHEMATISCHE DENKWEISE

———

Quaeris autem millesies dicta neque unquam
requiem habitura mea quidem opinione.
Proclus

Springer Basel AG

ISBN 978-3-0348-4096-5   ISBN 978-3-0348-4171-9 (eBook)
DOI 10.1007/978-3-0348-4171-9

Raoul La Roche
gewidmet

INHALTSVERZEICHNIS

VORWORT

Das Band, das die verschiedenen Gebiete zusammenfaßt, die in dem vorliegenden Buch behandelt werden, bildet die antike Lehre von der mathematischen Natur der Seelenkräfte. Es liegt nicht in meiner Absicht, eine alleingültige Lehre vorzutragen, denn ich weiß wohl, daß sich andere Seiten hervorheben lassen; aber ich habe den Eindruck, daß der mathematische Standpunkt in neuerer Zeit allzusehr in den Hintergrund gerückt ist und daß es nottut, ihn wieder einmal energisch zu vertreten. Die Logik habe ich absichtlich beiseite gelassen. Denn es scheint mir nicht, daß sie für das mathematische Denken besonders charakteristisch ist. Unlogisches gibt es in den Künsten und Wissenschaften nicht, oder, genauer gesagt, es ist dort überall sinnlos und bedarf der Berichtigung.

Die erste Auflage dieses Buches erschien 1932, in der zweiten Auflage wurde es mir ermöglicht, den auf die Kunst bezüglichen Teil durch Abbildungen zu ergänzen, die in der ersten fehlten. Das Titelbild ist die Wiedergabe einer Zeichnung von Arnold Böcklin, welche die Malerei und die Architektur in zwei edlen Frauengestalten darstellt. Die Architektur ist hier als Mathematik gedacht, wie die hinzugefügten Embleme des Zirkels und des rechten Winkels andeuten, und ich möchte dafür auf die Seite 14 dieses Buches hinweisen. Weitere Illustrationen findet man in einigen neueren Werken, vor allem von E. Moessel (C. H. Becksche Verlagsbuchhandlung), von Matila C. Ghika (Editions de la Nouvelle Revue Française) und von W. Überwasser (Jahresbericht der öffentlichen Kunstsammlung, Basel 1928 bis 1930, sowie in dem Buch „Von Maß und Macht der alten Kunst", 1933). Besonders in dem Jahresbericht sind wichtige Belege für den geometrischen Ursprung gewisser Kunstformen enthalten. Ein in unserer Zeit einzigartiges Werk ist das Buch von George D. Birkhoff: Aesthetic Measure (Cambridge, Massachusetts, 1933). Der Verfasser, einer der bedeutendsten amerikanischen Mathematiker, gibt eine eigene Methode der Bewertung ästhetischer Produkte und hat den Mut, selber zu experimentieren, und es gelingt ihm, drei ohne Zweifel sehr schöne Vasenformen aufzustellen. Wir möchten dieses hervorragende Buch ganz besonders dem Leser zum weiteren Studium empfehlen.

An den Schluß des Bandes habe ich einen Vortrag gestellt, den ich zur Feier des dreihundertsten Todestages von Kepler gehalten habe. In diesem Manne scheint sich mir, trotz mancher Irrtümer, die mathematische Denkweise besonders eindrucksvoll zu verkörpern. Aber auch bei andern Mathematikern, etwa bei Leonhard Euler, wäre der Gesamteindruck der Leistungen nicht wesentlich verschieden.

Die vorliegende dritte Auflage ist im Text wiederum nicht verändert worden, doch haben wir dem Bilderteil noch ein Gemälde Dürers beigegeben, das als schönes Beispiel für die Bedeutung der Geometrie in der Kunst dienen kann. Ferner sei es uns gestattet, im Jubiläumsjahr Goethe schon an dieser Stelle zu Worte kommen zu lassen. In dem Aufsatz von 1799 „Über den sogenannten Dilettantismus oder die praktische Liebhaberei in den Künsten" schreibt er:

„Weil der Dilettant seinen Beruf zum Selbstproduzieren erst aus den Wirkungen der Kunstwerke auf sich empfängt, so verwechselt er diese Wirkungen mit den objektiven Ursachen und Motiven und meint nun den Empfindungszustand, in den er versetzt ist, auch produktiv und praktisch zu machen; wie wenn man mit dem Geruch einer Blume die Blume selbst hervorzubringen gedächte.

Das an das Gefühl Sprechende, die letzte Wirkung aller poetischen Organisationen, welche aber den Aufwand der ganzen Kunst selbst voraussetzt, sieht der Dilettant als das Wesen derselben an und will damit selbst hervorbringen."

„Überhaupt will der Dilettant in seiner Selbstverkennung das Passive an die Stelle des Aktiven setzen, und weil er auf eine lebhafte Weise Wirkungen erleidet, so glaubt er mit diesen erlittenen Wirkungen wirken zu können." „Was dem Dilettanten eigentlich fehlt, ist Architektonik im höchsten Sinne..."

Was Goethe als Architektonik bezeichnet, heißt bei uns mathematisches Denken und ist hier kein Unterschied. Wie weite Kreise dagegen unter Goethes Beschreibung der Dilettanten fallen, mag der Leser selber erfahren und entscheiden.

Dem Verlag Birkhäuser in Basel spreche ich auch dieses Mal für die Herausgabe und die treffliche Ausstattung des Buches meinen besten Dank aus.

Basel, im Mai 1952

ABGRENZUNGEN

Das Wesen des mathematischen Denkens unmittelbar in Worten zu beschreiben ist nicht möglich. Was wir mitteilen können, sind seine Leistungen und Resultate. Wir müssen daher versuchen, aus der Fülle der Hervorbringungen menschlichen Denkens diejenigen abzugrenzen, welche wir der Mathematik verdanken, auch wenn sie ihren Ursprung nicht unmittelbar mehr erkennen lassen. Indem wir die Trennungslinien gegenüber den anderen Wissenschaften festlegen, gewinnen wir gleichzeitig Definitionen für das mathematische Denken selber. Voraussetzung dafür ist die Tatsache, daß es Nicht-Mathematisches gibt.

Um Mißverständnisse zu beseitigen, beginnen wir bei der Abgrenzung mit der Mathematik selber und scheiden zunächst einiges aus, was häufig noch zu ihr gerechnet wird. Goethe verstand unter der Mathematik die Meßkunst, unter dem Mathematiker den Meßkünstler. Er dachte in erster Linie an die Meßmethoden der experimentellen Physik Newtons und der holländischen Physikerschule. Wenn er sagt, er habe die Farbenlehre absichtlich von der Mathematik ferngehalten, so heißt das einfach, er habe die Meßinstrumente der Newtonschen Optik nicht verwendet. Dieser Identifizierung der Mathematik mit der Instrumentenkunde der experimentellen Physik begegnet man häufig in der Philosophie des neunzehnten Jahrhunderts. In seinem „Cours de philosophie positive" schreibt Auguste Comte: „Nous sommes donc parvenus maintenant à définir avec exactitude la science mathématique, en lui assignant pour but la mesure indirecte des grandeurs, et disant qu'on s'y propose constamment de déterminer les grandeurs les unes par les autres d'après les relations précises qui existent entr'elles."

Alles, was unter derartige Definitionen fällt, müssen wir aus der Mathematik ausscheiden. Schon Plato hat es so gehalten, und wir brauchen es nicht weiter zu begründen, da es für den Mathematiker so gut wie für den Physiker selbstverständlich ist.

Für die Abgrenzungen gegenüber den anderen Gebieten beginnen wir mit den Naturwissenschaften von der experimentellen Physik bis zur Biologie. Ihre Denkweise ist nicht-mathematisch, so groß auch teilweise die Wechselbeziehungen zur Mathematik sind. Denn diese Wissenschaften sind empirisch; das für sie Entscheidende ist die Beobachtung und das Experiment. In der Mathematik entscheidet aber der Beweis; so kann — um ein Beispiel

zu nennen — der Satz von der Winkelsumme im Dreieck nicht durch
Messung der drei Winkel gültig werden, sondern nur durch die logische
Zurückführung auf die Axiome. Die Mathematik ist ihrem Wesen nach
keine Meßkunst.

Eine Sonderstellung nimmt die theoretische Physik ein. In ihren Bemühungen um ein einheitliches Weltbild verwendet sie durchwegs die
Mathematik, ja man erhält von ihrem Standpunkt aus häufig Einblicke in
mathematische Zusammenhänge, die man sonst schwerlich gewonnen hätte.
So kam Archimedes durch Schwerpunktsbetrachtungen auf seine Inte-
grationen, und den mathematischen Gedanken Riemanns liegen allgemeine
naturphilosophische Ideen zugrunde. Eine scharfe Abgrenzung läßt sich hier
nicht durchführen.

Zwischen der Mathematik und der Geschichtswissenschaft besteht nach
Jacob Burckhardt Freundschaft, es sind uneigennützige Kameraden (Welt-
geschichtliche Betrachtungen, Einleitung § 2). Die historische Betrachtung
der Welt, die Burckhardt lehrt, ist offenbar zu trennen von der mathematischen Denkweise. Freilich sind hier gerade Grenzüberschreitungen nicht
selten. Schon Euler erzählt in seiner Einteilung der möglichen Beweisgründe
von Historikern, die mathematische Sätze nur glauben, wenn sie in Euklid
belegt werden können. Häufiger kam früher das Umgekehrte vor, die Anwendung mathematischer Formen auf das Geschichtliche. Man denke nur
an die vielen astrologischen Prognostiken und an die Einteilung der Geschichte in Perioden, die aus dem Verlauf der Sterne genommen wurden.
Auch die Hegelsche Geschichtsphilosophie gehört vielleicht hierher. Hier
wird ein sehr komplexes Gebilde von Symmetrien und Entsprechungen
mathematischen Charakters dem Geschichtlichen aufgeprägt. Die wunderbaren Lichter, die überall durch die fortschreitenden Entwicklungen des
Schemas angezündet werden, täuschen ein inneres Verständnis der Welt-
geschichte vor; sie stammen aber wahrscheinlich einzig aus dem Schema.

Eine weitere wichtige Abgrenzung ist die gegen die Religion. Zwar hat
auch die Mathematik, so gut wie die Historie und die Kunst, oft im Dienste
des Heiligen gestanden, aber nie als Teilhaberin. Die Trennung muß hier
vollständig durchgeführt werden. Ein Mathematiker oder ein Historiker hat
kein Vorrecht im Himmelreich, und umgekehrt gibt die Frömmigkeit
ebensowenig künstlerischen oder mathematischen Erfolg — etwa den Beweis des Fermatschen Theorems — als sie Reichtum schenkt. Grenzüberschreitungen kommen hier am meisten in der Literaturgeschichte vor. Da
das historische Verständnis etwas vom Kunstverständnis Verschiedenes ist,
so werden unkünstlerische Historiker leicht zu einer Vergöttlichung des
Künstlers und der Kunst geführt, die künstlerische Produktion wird als
übermenschlicher Akt angesehen. Demgegenüber wird man gut tun, sich der

12

menschlichen Grenzen zu erinnern und auch den größten Geistern mit Freimut zu begegnen. Man kniet nicht vor Menschen. Umgekehrt ist jeder religiöse Akt, etwa das Gebet, wesentlich nicht-historisch, nicht-mathematisch, nicht-künstlerisch. Hiermit möchte ich nichts Freigeistiges sagen, vielmehr eine Ansicht wiedergeben, die den Kirchenvätern, den Reformatoren und den heutigen Theologen gemeinsam ist.

Dagegen ist der Unterschied zwischen dem Esprit de finesse und dem Esprit géométrique noch innerhalb der Mathematik zu setzen. Man darf sich nicht durch die grobe Art, mit der Pascal den ersteren gegenüber dem zweiten ausspielt, täuschen lassen. Der Esprit de finesse ist ein Vorspiel zur infinitesimalen Denkweise, die Pascal bekanntlich nicht ganz erreicht hat. Daß diese zunächst als übermathematisch erscheint, ist bei anderen bedeutenden Gegenständen der Mathematik, z. B. beim nichteuklidischen Raum, auch vorgekommen; stets erwiesen sich solche Gebilde als interne mathematische Dinge. Denn die Mathematik ist in sich selbst reflektiert. Wenn man sie selbst als Objekt einer Untersuchung setzt, so entsteht wieder etwas Mathematisches, und gerade so ist der Esprit de finesse aus dem Esprit géométrique hervorgegangen; er ist daher selber mathematisch. Das wird auch direkt in der Pascalschen Beschreibung deutlich.

Am schwierigsten wird die Abgrenzung gegen Sprache und Dichtung sein. Daß die Grammatik mathematische Elemente enthält, ist nicht zu bestreiten. Anderseits beruht der große Fortschritt der Mathematik gerade in der Befreiung von der Sprache durch die geometrische Figur und die Formel. Ähnlich steht es mit der Dichtkunst. Die Homerischen Epen wird man schwerlich als Verwandte von Mathematischem ansprechen können, dagegen wird die lyrische Dichtung, das Metrische, Verwandtschaft aufweisen. In neuerer Zeit ist dies besonders von Baudelaire und von Valéry betont worden. Wir verzichten im folgenden auf eine Behandlung dieser heiklen Frage.

Daß dagegen die Musik und die bildenden Künste Geschwister der Mathematik sind, bildet eine Hauptthese unserer Ausführungen. Heute wird dies ebensosehr bestritten, wie es früher bejaht wurde. Die Kunst ist aber die eigentliche Quelle unseres Gefühlslebens; ohne sie gäbe es nur trockene Nützlichkeits- und Verstandesmenschen; daher kann die Mathematik diese Position nicht unbesehen aufgeben, sondern sie muß sie einer neuen sorgfältigen Prüfung unterwerfen, und hierzu werden einige Materialien vorgebracht werden. Vielleicht gelingt es einmal, direkt am mathematischen Denken seine Eigenschaft, Kunst hervorzubringen, nachzuweisen. Aber das ist heute noch nicht möglich, und so wird mein Buch über die mathematische Denkweise nicht mathematisch, sondern empirisch vorgehen und an den vorhandenen Erzeugnissen der Kunst einen mathematischen Gehalt hervorheben. Vielleicht erweckt auch diese Behandlungsweise in

höherem Maß das Vertrauen und das Wohlwollen des heutigen Lesers als
eine philosophische Untersuchung, deren Rechtsgültigkeit nur allzuleicht an-
gezweifelt werden kann.

Die Spaltung zwischen Kunst und Mathematik hat sich im Lauf des
18. Jahrhunderts vollzogen, und es lassen sich leicht Dokumente für die
verschiedenen Stadien dieses Vorganges angeben. Ich greife als Beispiel drei
Schriftstücke aus Harnacks „Geschichte der Königlich-Preußischen Aka-
demie der Wissenschaften" heraus.

In Bd. I, S. 79, befindet sich eine Denkschrift vom 26. März 1700 von
Leibniz, worin man liest: „Reale Wissenschaften sind Mathesis und Phy-
sica; bey beiden sind vier Hauptstücke. Bey Mathesi diese: Geometria, darunter man Mathesin generalem oder Analysin begreift, so den andern
allen das Licht anzündet; Astronomia . . .: ferner Architectonica (welche
civilem, militarem et nauticam architecturam zusammenfasset, tum pictu-
ram, Statuariam, und andere artes ornamentorum als subordinatas nach sich
ziehet); und letztlich Mechanica. Nachher kommen die vier Teile der Physik: Chymie, Mineralogie, Botanik, Zoologie (Chymie und die drei Reiche)."

In den Statuten vom 24. Januar 1741 sind vier Klassen vorgesehen: Physik, Mathematik (Geometrie, Astronomie, Mechanik, Hydraulik, Meteorologie, Architectura civilis et militaris), Philosophie, Philologie. Wie man
sieht, fehlt hier bereits die Malerei, Skulptur und Ornamentik.

Schließlich findet man S. 358 in einem Schreiben Winkelmanns von
1765 folgende Sätze:

„Der König weiß nicht, daß man einem Menschen, welcher Rom gegen
Berlin verläßt, und sich nicht anzutragen nötig hat, wenigstens soviel geben
müsse, als jemand, welcher von Petersburg gerufen wird . . . Ich verlasse
nicht das Eismeer, wie Euler, oder die Froschpfütze von Holland, wie Catt,
sondern den schönsten Ort der Welt . . . Doch sollte er wissen, daß ich mehr
als ein Algebraist Nutzen schaffen kann, und daß die Erfahrung nur von
zehn Jahren in Rom weit kostbarer sei als ebensoviele Jahre Ausrechnung
von Verhältnissen von parabolischen Linien, die man zu Tobolsk so gut,
als in Smyrna machen kann . . . Ich kann mit ebensoviel Recht sagen, was
ein Castrat in einem ähnlichen Fall in Berlin sagte: Ebbene; faccia cantare
il suo generale."

Diese Ansichten über den Unwert der Geometrie sind nicht diejenigen der
klassischen Kunst; die Venezianer haben nach parabolischen Linien den
Umriß von Pokalen geformt.

Ähnlich wie zur Kunst verhält sich die Mathematik zur Philosophie.
Plato hat die Beherrschung der mathematischen Denkweise als unerläßlich
für den Philosophen angesehen, und dem haben die späteren Platoniker

14

nachgelebt, wie wir in einem besonderen Abschnitt ausführen werden. Eine Personalunion zwischen Mathematiker und Philosoph findet sich häufig, z. B. bei Cartesius und Leibniz. Im 18. Jahrhundert entsteht die Trennung, genau wie mit der Kunst. Die Mathematik existiert für die Philosophie einerseits in der Newtonschen Form einer Physik, anderseits in Rechenregeln und Elementargeometrie, aus der aller Geist entschwunden ist. Zwar hat es den Anschein, als ob Kant in seiner spätesten Zeit die beiden Wissenschaften eng verknüpft hätte. So findet sich in seinem Opus postumum (Altpreußische Monatsschrift, Bd. 21, Königsberg 1884, S. 405) der Satz: „Transscendentalphilosophie ist diejenige Wissenschaft, in welcher Philosophie und Mathematik in Einem synthetischen Erkenntnis a priori systematisch vereinigt wechselseitig als Grund und Folge im Gegenverhältnis stehend ein Ganzes ausmacht." Aber bei genauerem Zusehen ergibt sich, daß Kant sich mit Newtons „Mathematischen Prinzipien der Naturphilosophie" auseinandersetzt. Er bekämpft den Primat der Mathematik über die Philosophie, der in diesem Titel ausgedrückt wird. Mathematik in Platonischem oder Leibnizschem Sinn kennt er nicht; gerade um die handelt es sich aber für uns.

Von Hegel war schon die Rede. Was er unter Mathematik verstand, geht am deutlichsten aus seiner Logik hervor, am Schluß des Abschnittes mit dem Titel „Die Zahl" (Ausgabe von Lasson, Bd. III, S. 212). Er denkt nur an das gedankenlose mechanische Geschäft des Zahlenrechnens. Diese Vorstellung von der Mathematik als einer Anwendung starrer Formeln nach vorgeschriebenen Regeln ist heute noch sehr verbreitet. Daß sich die wichtigeren mathematischen Gebilde in einer so umfassenden Philosophie, wie die Hegelsche, durch ihr einfaches Vorhandensein bemerkbar machen müssen, ist klar. Aber Hegel nimmt sie für die Philosophie in Anspruch und spricht das insbesondere für das Unendliche, das Unendlichkleine, Faktoren, Potenzen usf. explizit aus (in § 259 der Encyklopädie). Zusammenfassend können wir daher sagen, daß bei Hegel Mathematik nicht von der Philosophie abgetrennt wird. Einen interessanten Versuch, Hegels Philosophie vom Standpunkt der wirklichen Mathematik aus zu untersuchen, findet man in B. Heimann, „System und Methode in Hegels Philosophie".

Gegen die Mitte des vorigen Jahrhunderts erfolgte der Zusammenbruch der Philosophie, aber durch die gemeinsame Arbeit von Mathematikern und Logikern entstand die Wissenschaft des Logikkalküls, die heute durch das Werk von Whitehead und Russell jedermann zugänglich ist, der sich der Mühe seines Studiums unterziehen will. Couturat erkannte, daß schon Leibniz diese Wissenschaft in den Grundzügen aufgestellt hat; ihr wahres Fundament bildet eine der wichtigsten Lehren der antiken Philosophie, nämlich diejenige vom mathematischen Charakter des menschlichen Denkens.

An dieser Stelle ist also heute der Anschluß an die Philosophie wieder gewonnen, die Kontinuität hergestellt.

Das Resultat unserer Abgrenzungen können wir am besten in der triadischen Form des Proklus, die von Hegel wieder aufgenommen wurde, darstellen. Das geometrische Bild der Trias ist der Kreis als Inbegriff von Zentrum, Radien oder Strahlen und Peripherie. Das Zentrum repräsentiert die Monè, das bleibende Erste (bei Hegel entspricht ihm die Synthesis), die Radien entsprechen der Prohodos, dem Vorwärtsschreiten, die Peripherie entspricht der Epistrophè, dem Zurückwenden nach dem Ursprung zu. Unter Benutzung dieses Schemas kann man sagen: die Mathematik bildet mit der Philosophie und der Kunst zusammen eine Triade, wobei die Philosophie dem beharrenden Zentrum, die Mathematik als fortschreitende Forschung der Prohodos, die Kunst als die begrenzende und bildende Tätigkeit, die durch ihre Zurückwendung nach dem Zentrum Schönheit erhält, der Epistrophè entspricht. Die drei Terme dieser geisteswissenschaftlichen Triade gehören zusammen; wenn auch jeder seine besondere Geistesart braucht, so erhalten sie sich nur durch ihre gegenseitigen Einflüsse lebendig. Eine Lostrennung würde auf die Dauer zu einer Erstarrung führen.

Man kann die Wissenschaften, die zur philosophischen Fakultät zusammengefaßt sind, selber in eine Triade teilen. Hierbei entspricht der Monè die im Geistigen verharrende geisteswissenschaftliche Triade, der Prohodes die naturforschende Wissenschaft, der Epistrophè die historische Wissenschaft, welche in dieser äußeren Welt das Geistige sucht und sich dadurch nach dem Zentrum zurückwendet.

Hiermit soll keine äußere Rangordnung begründet, sondern die innere Struktur der Wissenschaften klargestellt werden. So haben die exakten Naturwissenschaften und die Mathematik wechselseitig füreinander heuristischen Wert; die Mathematik gibt oft Anleitung zum Experiment, die Physik Anregung zur Behandlung einer mathematischen Theorie. Aber der Rechtsgrund liegt für die Physik im Experiment, für die Mathematik in der mathematischen Einsicht. Ähnlich verhält sich die Geschichte zur Kunst; der Rechtsgrund der ersteren liegt in der Überlieferung, der letzteren in der künstlerischen Einsicht; dagegen kann sehr wohl ein geschichtlicher Vorgang oder ein Erlebnis Anlaß zu einem Kunstwerk geben und die Kunst oder die Philosophie Anlaß zu einer historischen Untersuchung. Die Wissenschaften werden aber durch ihre Rechtsgründe bestimmt, und hier gehören die mathematische und die künstlerische Einsicht dem geistigen Gebiet an, dagegen das Experiment und die Überlieferung der äußeren Welt.

ÜBER SYMMETRIEN IN DER ORNAMENTIK

Der Ausdruck „Symmetrie" bedeutet ein Zusammenstimmen verschiedener Teile eines Ganzen. Symmetrien findet man überall dort, wo Geistiges sich in der Materie manifestiert. Schon in der Natur treten sie auf; viele Lebewesen besitzen die spezielle Symmetrie der Spiegelbildlichkeit, die Pflanzen weisen größtenteils Drehsymmetrien auf, die besonders an Blattstellungen, an Blüten usw. sichtbar werden. Für die Kunst bilden sie das Lebenselement, und man kann sie in Poesie und Prosa, in der Musik und in der Malerei aufzeigen. Wir werden daher in der Folge viel davon zu handeln haben, aber zunächst möchte ich mich auf Konfigurationen beschränken, die durch regelmäßige Anordnungen eines Grundgebildes entstehen und ins Unendliche fortgesetzt werden können, also, wie der technische Ausdruck lautet, einen unendlichen Rapport enthalten. In der Natur gilt dies von den Kristallen in ihrem Aufbau aus den Atomen, in der Kunst von den Ornamenten der Streifen und Flächen, wie man sie täglich in vielen Exemplaren auf Tapeten, Teppichen, Tischdecken vor Augen hat. Die Symmetrie dieser Muster besteht darin, daß sie Verschiebungen und Drehungen in sich selbst zulassen, also sogenannte Deckoperationen besitzen, wodurch das Muster von verschiedenen Standpunkten aus denselben Anblick gewährt. Beim Kristall ist ihre Wirkung dadurch erkennbar, daß er sich für das Experiment in einer bestimmten Anzahl verschiedener Lagen gleich verhält.

Die ältesten Beispiele von Flächenornamenten finden sich in Ägypten. Ob eine zugehörige Theorie vorhanden war, ist uns unbekannt, aber wir müssen schon die Auffindung der Figuren als eine geometrische Leistung bezeichnen. Heute sind wir freilich gewohnt, daß eine mathematische Lehre in der Form von Theoremen und Beweisen verläuft, aber das ist erst eine Folge der platonischen Philosophie. Das geometrische Gebilde ist ja der eigentliche Zweck auch der logischen Beweisführungen; es kann in keiner Weise aus der Mathematik ausgeschlossen werden. In der Ornamentik wird nur das Resultat der Bemühungen, nämlich das Ornament selber, an die Öffentlichkeit gebracht; wie es gefunden wurde, wird verschwiegen. Hierin zeigt sich die Ornamentik als Kunst; das symmetrische Gebilde wird wegen seiner schönheiterzeugenden Kräfte aufgesucht und studiert. Das hat man in allen Epochen der Kunstblüte getan, und viele theoretische Werke geben davon Zeugnis. So hat der Architekt der Hagia Sophia in Konstantinopel, Isidorus von Milet, den „Elementen" von Euklid ein Kapitel über die Winkel

bei den regulären Körpern hinzugefügt. Der Maler Piero della Francesca
hat ein Werk über die regulären Körper verfaßt; Luca Pacioli, der Lehrer
Lionardos, schrieb ein Buch über den Goldenen Schnitt; Daniele Barbaro,
Patriarch von Aquileia, behandelte die regulären Einteilungen der Ebene,
ebenso schon vor ihm Albrecht Dürer. Den Gipfelpunkt dieser ganzen
Mathematik bildet Keplers „Harmonicè mundi", wo mit den Mitteln der
Symmetrien in der Geometrie und der Harmonien in der Musik der Bau
des Weltalls ergründet und beschrieben wird. Aber mit diesem Werk bricht
alles ab, es kommt die moderne Mathematik, die sich von der Kunst ab-
wendet, und die moderne Kunst, die, zum mindesten offiziell, von Symmetrien nichts mehr wissen will.

Schon die ältesten Ornamente enthalten mathematische Figuren. Neben
Kreisen und Geraden finden wir vor allem Spiralen, und zwar durchwegs
sogenannte Archimedische Spiralen von konstanter Breite, nicht aber logarithmische, wie man sie von den Schneckenhäusern kennt. Sie gehen meist
von einem kreisförmigen Kern aus und münden wieder in einem solchen.
Man unterscheidet S-Spiralen und C-Spiralen, je nachdem die beiden
Enden gleich oder entgegengesetzt gewunden sind. Ohne Zweifel haben sie
religiöse Bedeutung und stellen Seelenwege dar. Noch heute sind solche
Anschauungen lebendig; so teilte mir Herr Prof. H. Wehrli mit, daß bei
gewissen indischen Volksstämmen Tänze vorkommen, die in Spiralwegen
verlaufen, weil der Dämon solche Wege benutzt. Aus dem Altertum kennt
man eine ausführliche Schilderung im „Phädon" von Plato. Es handelt sich
um eine Beschreibung des Erdinnern, also der Hölle, und Plato verwendet
dabei ziemlich schwierige räumliche Figuren. Die Erde ist längs ihrer Achse
durchbohrt vom sogenannten Tartaros. Von ihm zweigen Kanäle ab, die
sich spiralförmig winden und an einer tieferen Stelle wieder in ihn ein-
münden. Durch eine um das Erdzentrum oszillierende Flüssigkeitsmasse
werden sie gefüllt und es entsteht eine Zirkulation. Die Hauptadern gehen
von einer bestimmten Stelle des Tartaros nach den vier Himmelsrichtungen
aus und tragen die Namen: Kozyt, Acheron, Pyriphlegethon und Okeanos.
In ihnen befinden sich die Seelen der Verbrecher. Die Spiralen sind also in
der Tat Seelenwege. Diese Vorstellungen finden sich auch in Ägypten, und
die Spiralkonfiguration erinnert stark an die Seilornamente (siehe die
Bilder der Tafel II).

Ganz neue Elemente kommen im Hellenismus unter dem Einfluß der
Geometrie in die Ornamentik hinein. Es werden die regelmäßigen Überdeckungen der Ebene mit regulären Polygonen studiert. Um diese Zeit
(ca. 300 v. Chr.) scheint auch die Mosaikkunst aufgekommen zu sein. Sie er-
reichte in kurzer Zeit eine ungeheure Verbreitung. Wahrscheinlich ist Archimedes an ihrer Ausbildung wesentlich beteiligt gewesen. Athenäus berichtet,

daß nach seinen Plänen in Syrakus ein gewaltiges Schiff gebaut wurde. Als ein besonderes Wunder wird erwähnt, daß in den Luxusräumen die Wände und Fußböden mit Bildern geschmückt waren, die man aus Steinen zusammengesetzt hatte. Aus anderer Quelle erhellt, daß Archimedes mit geometrischen Polygonen Gegenstände, z. B. ein Schiff, ein Schwert, einen Helm abbilden konnte. Das ist aber ein Mosaik, wenn auch in seiner strengsten Form. Schließlich ist ein Fragment erhalten über das sogenannte Stomachion. Hier wird ein Quadrat in Dreiecke zerlegt (wie bei unserem Geduldspiel „Pythagoras") und die Aufgabe ist, aus den Teilstücken kompliziertere geometrische Figuren zusammenzusetzen, wobei es aber nicht auf absolute Genauigkeit ankommt. Das letztere ist besonders auffällig, weil Archimedes für die strenge Beweisführung berühmt war. Bedenkt man aber, daß beim Mosaik durch den Kitt, der die Steine zusammenhält, kleine Lücken entstehen, welche Ungenauigkeiten gestatten, so sieht man, daß die Archimedische Problemstellung eine genaue Wiedergabe der Mosaikkunst ist.

Das geometrische Gewand ist den Mosaiken geblieben, und es sieht fast so aus, als ob der Geist des Archimedes dieser Kunst seine Denkweise auf lange Zeit aufgeprägt hat. Geometrisch sind fast alle Fußbodenmuster, ferner besitzen fast alle figürlichen Mosaiken eine geometrische Umrahmung, nur ist sie auf den Photographien meist weggelassen, so daß man z. B. aus der großen Publikation von Wilpert über die altchristlichen Mosaiken in dieser Hinsicht ein ganz einseitiges Bild gewinnt. Als Muster dienen häufig die Mäander der dorischen Tempel, die ihrerseits wieder aus Ägypten und Kreta stammen.

Die frühchristlichen Mosaiken bestehen auf dem sogenannten Opus vermiculatum. Im 12. und 13. Jahrhundert blühte noch eine andere Art, das Opus tesselatum. Die Bausteine sind hier kleine Quadrate oder Dreiecke, die auch mit einer Glasmasse überzogen sein können. Nur kristallographische Muster und geometrische Figuren kommen hier vor, aber es ist erstaunlich, was für einen Reichtum an dekorativen Formen man hier findet. Die Künstlergruppe wird mit dem Namen der Cosmaten bezeichnet. Ihre Werke finden sich in Mittelitalien, z. B. in den Kreuzgängen des Laterans und von S. Paolo fuori. Stets ist die Dekoration auf viele kleine Felder verteilt, deren jedes ein besonderes Muster enthält. Es wäre eine äußerst reizvolle Arbeit, diese Ornamente an Ort und Stelle zu studieren und sie nach geometrischen Prinzipien zu ordnen. Man bekäme so einen guten Einblick in mittelalterliche Geometrie und könnte auch die Tätigkeit der Künstler kennen lernen.

Geht man von Rom nach Süden, so gelangt man immer mehr in die Einflußsphäre der arabischen Kunst, wie die Mosaiken von Salerno, Amalfi, Palermo zeigen.

Von diesen echten Mosaiken ist die heutige Mosaikkunst wesentlich verschieden. Sie dient nur zur Kopie von Gemälden und kann daher nicht den Anspruch auf eine selbständige Kunst machen, so vollendet auch ihre Technik sein mag. Beim echten Mosaik, auch bei den figürlichen Darstellungen, ist gerade die Gestaltung der Form im einzelnen, die Auflösung des Gegenstandes in geometrische Grundformen, Dreiecke und Vierecke, das Wesentliche. Wie in der Musik die kontinuierliche Tonreihe erst arithmetisiert werden muß zur Tonleiter, so wird hier die kontinuierliche Fläche erst geometrisiert durch die Mosaiksteine. Sie erhalten ihr Leben erst durch die höheren Formen, welche sie konstituieren, und diese wieder durch das Ganze, das selber eine geometrische Form bildet. Dieser hierarchische Aufbau, in dem jeweils die höhere Form die nächst untergeordnete belebt, ist das Wesen dieser Kunst. Auch in der kontinuierlichen Malerei ist es auffallend, wie leicht sie in das diskontinuierliche umschlägt. Man denke etwa an Rembrandt. Man soll also ein Mosaik nicht bloß aus der Ferne ansehen, wo es wie ein Gemälde wirkt, sondern aus der Nähe, wo man jeden Stein sieht. Man muß Einblick bekommen (vgl. Plato, Sophistes 253 d), „wie eine Form allseitig durch viele Einzelformen hindurch ausgespannt ist, wobei letztere gänzlich getrennt bleiben, und wie eine Anzahl getrennter Formen durch eine Form von außen umhüllt wird, und wie durch viele Formen hindurch eine einzige in ihrer Einheit bleibt, und wie schließlich viele Formen gänzlich getrennt bestehen können."

Die ägyptische Kunst lebt weiter in der koptischen und in der arabischen. Letztere hat manches aus der griechischen und byzantinischen übernommen, aber sie stellt eine höchst originelle Weiterbildung dar. Eines der schönsten und ältesten Beispiele ist die Moschee Ibn Tulûn in Kairo, erbaut 876—879, angeblich von einem Christen. An ihr findet sich die spezifisch arabische Ornamentik, die Arabeske, deren Hauptmotiv auf die Doppelspirale mit angehängten Spiralenden zurückgeführt werden kann. Ferner enthält sie in ihren über hundert Fensterfüllungen die mannigfaltigsten Muster mit verschlungenen Polygonen. Solche kristallographische Kunstwerke zieren bis auf den heutigen Tag die Kanzeln, Gebetsnischen, Möbel arabischer Kunst, ein Zeichen mathematischer, oft auch mystischer Studien ihrer Erfinder. Offenbar galt es als besonders tiefsinnig, Fünfecke, die sich bekanntlich nicht organisch einordnen lassen, in irgendeiner geschickten Annäherung hervorzubringen.

Hiermit ist aber das Gebiet der symmetrischen Kunstgegenstände bei weitem nicht erschöpft. Es kommen noch dazu die Decken in Kirchen und Sälen, die Gartenanlagen, Gegenstände der Kleinkunst, wie Becher, Vasen, ferner Teppiche, Tapeten. Man braucht sich nur in seinem Zimmer umzu-

sehen, um eine Unzahl von Mustern zu finden, welche der Beachtung
wert sind.

Wenn in der modernen Kunst mit diesen Dingen aufgeräumt wird, so ist
das doch nur eine vorübergehende Erscheinung; sie ist bei dem heutigen sinn-
losen Verzieren auch zu begrüßen, denn ein Ornament oder ein goldener
Schnitt, irgendwo angebracht, wirkt noch nicht bedeutungsvoll, ebensowenig
wie ein reiner Zweiklang, eine Oktave oder Quint, schon Musik ist. Vielmehr ist erst das Zusammenstimmen vieler Symmetrien, ihr Aufgehen in
höheren Formen, schön. Technisch ausgedrückt: Es muß sich um eine Komposition handeln.

Nehmen wir als Beispiel einen achteckigen Saal in einem orientalischen
Privathaus. Fußboden und Wände sind mit Marmorintarsien überzogen.
An den wichtigsten Stellen des Bodenornamentes — es sind die, welche man
in der Kristallographie als „mehrzählige Punkte" bezeichnet — sind Säulen
errichtet. Selbstverständlich harmonieren die Muster an den Wänden mit
denen des Fußbodens, sowie mit der Gestalt des Saales. In unserem Fall
werden sie also nicht hexagonal, sondern quadratisch sein. Die Fenster und
die Nischen an der Wand sind so angebracht, daß sie ins Ornament hinein-
passen und in den Zwischenräumen ein Teilmuster ausschneiden, das für sich
schön ist. Gerade hierfür eignen sich die kristallographischen Felder besonders. Aus einem einzigen Muster lassen sich auf mehrere Arten Stücke
aussondern, die hübsch sind, Bänder, welche als Friese dienen, Sterne, die
als Rosetten figurieren können. Ferner kann man dasselbe Muster auf ganz
verschiedene Weisen ansehen; das einemal erblickt man Sterne, das andere-
mal verschlungene Dreiecke, dann Rechtecke usw. Gerade hierin besteht das
Leben dieser Figuren. Sie können gar nicht aus dem Detail heraus verstanden werden; denn die Zusammensetzung, die Komposition ist das
Schöne daran. Ergänzt man nun das alles noch durch eine Decke, etwa ein
Stalaktitengewölbe, das interessante Umrißlinien bietet, so kommt ein
höchst harmonisches Ganzes heraus. Die Abmessungen im Großen werden
erläutert und zum Strahlen gebracht durch das Detail des Ornamentes, und
dieses wird zusammengehalten und bedeutungsvoll gemacht durch die übergeordneten großen Formen. So wird beim Beschauer das Gefühl der Notwendigkeit erzeugt, das in der Kunst so sehr gesucht wird.

Nicht viel anders steht es beim Verhältnis des Goldenen Schnittes, der
Divina Proportione der Renaissance. Eine Fläche, die nach ihm abgemessen
ist, läßt sich auf besonders viele Weisen so unterteilen, daß die Teilflächen
ähnliche Proportionen aufweisen. Der Goldene Schnitt ist daher besonders
geeignet für architektonische Flächen. Man kann erreichen, daß nicht bloß
die Fenster mit der Fassade, sondern auch noch die Flachsäulen mit den
Sockeln, die Seitenfelder, Friese und Gesimse zusammenstimmen. Über die

Proportionen der griechischen Tempel und der gotischen Kathedralen ist schon viel geschrieben worden, aber die Schemata der letzteren sind noch nicht mit Sicherheit festgestellt. Für den Dom von Mailand findet man in der Vitruvausgabe von Como aus dem Jahre 1521 eine interessante Konstruktion mit Sechsecken. Schließlich sei noch auf das Skizzenbuch des Villars de Honnecourt aus dem 13. Jahrhundert hingewiesen, in welchem die menschlichen Figuren auf Glasscheiben u. dgl. mit ihren Konstruktionen aufgezeichnet sind. Auch hier spielt das Pentagramm eine große Rolle. Man muß annehmen, daß alle mittelalterliche Kunst mit geometrischen Schemata operiert hat.

Aber auch die neuere Kunst hat mit Symmetrien gearbeitet; so schreibt Jacob Burckhardt in seinen Erinnerungen aus Rubens: „In momentan sehr mächtigen Kompositionen des Rubens genießt der Beschauer, zunächst unbewußt, neben der stärksten dramatischen Bewegung, eine geheimnisvolle *optische Beruhigung*, bis er inne wird, daß die einzelnen Elemente einer nach Kräften verhehlten *Symmetrie*, ja einer mathematischen Figur untertan sind." Und dasselbe suchte und fand er überall in Italien.

So ist Kunst und Symmetrie zu allen Zeiten verbunden gewesen, und das wird auch in Zukunft so bleiben. Als die wahre Fortführung der Entdeckungen früherer Kunstepochen erscheint die Lehre von den Raumgruppen. Hier an den Modellen der Kristallstruktur, wie man sie in jedem physikalischen und mineralogischen Institut findet, wird die neue Kunst lernen. Auf dieser Grundlage kann sie sich auch wieder an die Ornamentik wagen.

Der wahre Grund, warum die Symmetrien mathematisch wichtig sind, liegt in der Gruppeneigenschaft: wenn man zwei Deckoperationen nacheinander ausführt, so entsteht eine dritte, oder, anders ausgedrückt: zwei Symmetrien, die gleichzeitig am Ornament auftreten, bedingen eine weitere Symmetrie. Hiermit ist aber das Gebiet der symmetrischen Gebilde in Zusammenhang gebracht mit einem der wichtigsten Begriffe der neueren Mathematik und Naturwissenschaft. Die Gruppe vertritt das Prinzip der ganzzahligen Verhältnisse, das im Altertum unter dem poetischen Namen der „Harmonie der Sphären" die Aufsuchung der Naturgesetze beherrschte und noch für Kepler das Grundgesetz der Welt bildete. Die Griechen nannten ein solches Weltgesetz einen Logos. Man kann wohl sagen, daß der Logos, der heute den Zugang zur Natur im großen und im kleinen aufschließt, der Gruppenbegriff ist. Er gestattet die Aufstellung von Raumformen für den Kosmos so gut wie die Aufsuchung der möglichen Anordnungen der Atome im Kristall. Auf ihn muß sich auch die Kunst gründen.

Aber ist wirklich die Symmetrie die Ursache der Schönheit? Als Fundamentalversuch eignet sich hierzu am besten das Kaleidoskop. Legt man irgendeinen Gegenstand hinein, etwa ein paar farbige Wollfäden, so erscheint eine schöne Figur, und durch Veränderungen des Inhalts erreicht man erstaunliche Wirkungen. Auch die Farben scheinen heller zu leuchten und die tote Materie scheint belebt. In dieser geheimnisvollen Kraft, welche das Häufchen Wolle zu einem wohlgefälligen Ornament umwandelt, haben wir offenbar ein Spezimen der allgemeinen Kräfte, welche in der Kunst zur Verwendung kommen. Sie gehen nicht vom Objekt aus, denn für dieses ist die Symmetrie ein gleichgültiges Accidens, sondern sie entspringen von den Symmetrien. Diese gehören aber in das Gebiet der Relationen, und ihre Aufnahme setzt eine Seelentätigkeit voraus. Kunst beruht auf einer Aktivität der Seele, nicht auf einem Erleiden. Die Symmetrien wirken unmittelbar, ohne Dazwischentreten des Verstandes, es muß also in ihrer Aufnahme eine Fähigkeit der Seele zur Geltung kommen, welche ihr wohlbekannt ist, die sie sich nicht erst mühsam einüben muß. Wo Symmetrie, da ist auch Zahl. Man wird daher vermuten, daß die Zahl hier im Spiele ist. Sehen wir nun an der Musik, der arithmetischen Kunst par excellence, zu, ob wir weiteren Aufschluß bekommen.

FORMFRAGEN DER MUSIK

Die vornehmste Aufgabe aller Kunstwissenschaft muß eine Anleitung zum Genuß der Kunstwerke sein. Denn zur Freude für den Menschen, zur Erhöhung seines Daseins über das tägliche Leben und Treiben sind sie geschaffen, so sollen sie auch verwendet werden. Aber es gibt viele Arten des Kunstgenusses, und nicht alle sind Ziel der Wissenschaft. Man kann sich rein rezeptiv verhalten, willig, die Gefühle aufzunehmen, die das Kunstwerk in uns hervorrufen wird, und sich hiermit begnügen. Daß dies möglich ist, lehrt die tausendfache Erfahrung, aber nur wenige Objekte leisten es in befriedigender Weise. Es sind die allbekannten Kompositionen großer Meister, ferner die leichte Tagesproduktion, welche noch zu neu ist, um zu langweilen, aber einfach genug, um jedermann unmittelbar einzugehen. Dies ist die niedrige Art des Kunstgenusses, die Plato als Hedonè bezeichnet. Das Vermögen, auf dem sie beruht, ist von Kepler in folgender Weise formuliert worden: „Es stecket in dieser niederen Welt eine geistige Natur, der Geometria fähig, welche sich an den geometrischen und harmonischen Verbindungen ex instinctu creatoris sine ratiocinatione (durch einen vom Schöpfer eingegebenen Trieb ohne Anwendung von Verstand) erquicket und zum Gebrauch ihrer Kräfte selbst aufmuntert und antreibt."

Das Charakteristische an dieser gefühlsmäßigen Aufnahme der Kunst ist die Abwesenheit des Verstandes, das direkte Übergehen ins Gefühl. Wir können ihre Entstehung leicht beobachten. Nehmen wir an, wir hören oder spielen ein Musikstück, das wir noch nicht kennen und das uns wirklich Neues bietet. Beim erstmaligen Vernehmen sagt es uns nichts, aber wir wiederholen es nach einiger Zeit. Nun leuchtet uns eine Partie auf, sie setzt sich im Gedächtnis fest und verfolgt uns vielleicht in lästiger Weise. Unbewußt arbeitet das Stück in unserem Innern, und wenn wir es abermals nach einiger Zeit hören, so ist es gefühlshaltig geworden und gesellt sich zum übrigen Schatz der uns geläufigen Musik. Mit ihm geht uns aber auch die Genußfähigkeit für verwandte Musik automatisch auf. Es kommt also alles darauf an, ob sich uns irgendwo ein Zugang zum Kunstwerk öffnet und ob wir die Geduld zur Wiederholung aufbringen. Diesem Materialisationsprozeß kann nachgeholfen werden, ohne daß man an den Verstand zu appellieren brauchte, und es ist interessant, zuzuschauen, wie das gemacht wird. Das Verfahren, die sogenannte Hermeneutik, besteht in einer seltsamen Substitution, durch welche das Kunstwerk in andere, uns längst bekannte und gefühlshaltige Vorgänge umgesetzt wird. Was hierzu verwendet wird, wechselt sowohl mit der Zeit als mit dem Publikum, an das man sich richtet.

Früher waren Landschaftsschilderungen und Wetterbeschreibungen sehr beliebt. So schreibt Abert (1903) über die Schumannsche Symphonie in B-dur: „Ein Heroldruf aus der Höhe ertönt: da beginnt sich die Erde zu regen, sanfte Lüfte wehen über das keimende Grün, da und dort fliegt ein Schmetterling auf, bis sich endlich alle Lebensgeister zusammengefunden haben und im Licht der Frühlingssonne ihren Reigen schlingen." Ähnlich berichtet Hugo Riemann, mitten in einer sehr eingehenden Besprechung des formalen Aufbaues einer Fuge im wohltemperierten Klavier: „Wie Zweige in jungem Laubschmuck, schwanken die leichten Arpeggientriolen mit ihrer zierlichen Spitzenbewegung (wie von weichem Lufthauch gekräuselt) und den wohligen Trillerchen der sich in ihnen bergenden gefiederten Sänger, darunter aber wohnt die Ruhe (liegender Baß und langsam dahingleitende Mittelstimme)." Die Bilder durften früher ziemlich einfach sein, in modernen Werken dagegen, die sich an ein helles Publikum wenden, begegnet man fast durchwegs der Tiefenpsychologie und dadaistischen Aphorismen.

Wenn dieses Verfahren sorgfältig und mit Geschmack ausgeübt wird, so tut es gute Wirkung, und für die Musikkritik ist es unentbehrlich. Aber seine schwache Seite ist leicht zu erkennen: Zwischen dem Bild und dem Kunstwerk besteht fast nie eine Beziehung. Man kann eine Beethovensche Sonate ebensogut mit einem Sommertag beleuchten wie mit einem Vater- oder Mutterkomplex verdunkeln. Beides wird im unbefangenen Leser wirken, obschon es ganz verschiedene Gefühle sind.

Daß ein Musikstück in hohem Grade unbestimmt ist, läßt sich an unzähligen Beispielen zeigen. Die Melodie zum Weihnachtslied „O du fröhliche..." geht im Genfer Gesangbuch zu einem Bußlied. Über den Inhalt der Durchführung der Eroica gibt es so viele Deutungen als Autoren. Beim einen siegt der Held, beim andern unterliegt er, beim dritten hört man den Atem der Natur. Wenn trotzdem präzise Aussagen über den Gehalt eines Stückes unmittelbar ihre Wirkung tun, so beruht das auf einem ganz allgemein Effekt des Déjà vu, von dem später die Rede sein wird und der immer spielt, wenn einer Materie, die nach Form strebt, eine solche geboten wird. Will man der Zauberwirkung nicht verfallen, so gibt es nur ein Gegenmittel, das allerdings unfehlbar wirkt, das ist die Verstandesanwendung, die Ratiocinatio.

Ein Kunstwerk entsteht überhaupt nicht aus einem Gefühl, sondern es hat einen selbständigen Ursprung. Jacob Burckhardt sagt von Rubens: „Er brauchte nicht lange bei einem Thema auf eine mitklingende ‚Stimmung' zu warten, denn in seinem Innern ist ja ohnehin schon eine dauernde

Stimmung vorhanden für jede, wenn noch so große religiöse oder profane Aufgabe, welche seine Zeit und Bildungswelt ihm vorlegt."

Das Kunstwerk ist auch nicht an ein Gefühl gefesselt, sondern es wirkt durch seine Form und erzeugt stets neue Stimmungen; es ist eine lebendige Kraft, nicht ein totes Monument. Es gehört der Apperzeption, nicht der Perzeption an, der Seite des handelnden Subjekts, nicht des Stoffes. Gewiß ist das, was sich unmittelbar bietet, ein bestimmter sinnlicher Gegenstand, aber soweit es das ist, ist es keine Kunst. Erst wenn man in ihm etwas Allgemeines gewahr wird, das vom speziell Dargebotenen unabhängig ist, bekommt es höhere Bedeutung. Aber ist dieses denn nicht gänzlich unfaßbar, ein flüchtiges Fluidum? Keineswegs, sondern es besteht in den Formen, die sich gerade in der Musik einwandfrei nachweisen lassen.

Die Elemente der Musik, entsprechend den Buchstaben in der Sprache, bilden die Töne. Auf sie folgen als höhere Einheiten die Takte. Zunächst über diesen erstrecken sich die für das Gefühl wichtigsten Formen: die Melodien und Phrasen. Es ist eine der überraschendsten Tatsachen der Kunst, daß sie durchwegs gesetzmäßig gebaut sind. In neuerer Zeit hat dies erst A. Lorenz voll erkannt, nachdem schon Hugo Riemann Ansätze dazu geliefert hat.

Die Formen, welche von der klassischen Musik verwendet werden — wobei die Kontrapunktik weggelassen werden muß —, sind nicht zahlreich. Die wichtigste ist das, was Lorenz nach alter Terminologie einen Bar nennt. Er besteht aus einem Motiv a, das wiederholt wird, worauf ein Schlußmotiv b angehängt wird. Hierbei wirkt die doppelte Wiedergabe des Stollens a nicht als Repetition, sondern aa bildet eine neue Einheit; so wirkt die Spiegelbildlichkeit eines Gesichtes nicht als leere Wiederholung, sondern sie macht erst die Form des Gesichtes. Der Abgesang b ist meist so lang, wie die beiden Stollen zusammen. Wichtig ist, daß die drei Partien keineswegs gleichgestellt sind. Die Form ist nicht Summe ihrer Teilformen, sondern sie ist eine höhere Einheit, die für die Teilformen Stellen liefert.

Der einfachste Bar ist etwa durch die Taktzahlen charakterisiert: 2, 2; 4.

Häufig ist der Abgesang selber ein Bar von der halben Größe des Ganzen. Das Schema wird dann

2, 2; 1, 1; 2

Schließlich kann der letzte Abgesang — der Abgesang im Abgesang, selber wieder ein Bar sein. Man hat dann die Taktzahlen

2, 2; 1, 1; $^1/_2$, $^1/_2$; 1

Als weitere Form kommt folgende vor: a, b; a, c. Das ist: ein Motiv a, dem ein erster Schluß b folgt; hierauf wird a wiederholt und ein zweiter Schluß angehängt. Das Barschema findet sich bei Bach in den Sarabanden, das eben angegebene in den Gavotten.

Eine interessante Form des Bars entsteht, wenn der Abgesang mit dem Stollen beginnt und daran einen Schluß fügt. Das Schema ist dann: a, a; a b. Hier kommt alles darauf an, daß das dritte a nicht mit den beiden ersten gleichgestellt wird. Darum ist die Verbindungsstelle von a und b im Abgesang ein äußerst empfindlicher Punkt, der immer als Bindung, ja nicht als Absatz empfunden werden darf. Jeder gute Künstler wird das instinktiv beachten. Bei den Verdischen Arien kann man hier schleifen oder schluchzen.

Weiterhin ist die von Lorenz als Reprisenbar bezeichnete Form a, a, b, a zu erwähnen, bei welcher der Stollen nach dem Abgesang wiederholt wird. Sie ist besonders als Großform durch die Sonate bekannt, wo a den ersten Teil bis zum Doppelstrich, b die Durchführung bezeichnet.

Aus den bisher aufgestellten Grundformen der musikalischen Symmetrie lassen sich durch das Prinzip der Superposition bedeutendere Gebilde herstellen, ganze Sätzchen oder Melodien. Besonders wichtig ist der Bar, dessen Stollen und Abgesang selber Bare sind. Lorenz bezeichnet ihn als potenzierten Bar. Folgendes ist sein normales Schema:

a, a, b; a, a, b; c, c, d

mit den Taktzahlen

1, 1, 2; 1, 1, 2; 2, 2, 4.

Bei dreiteiligen Takten können folgende Zahlen vorkommen:

1, 1, 1; 1, 1, 1; 1, 1, 1.

Der Abgesang kann hier nicht wohl doppelt so lang als ein Stollen sein, weil sonst halbe Takte, d. h. anderthalb Taktteile, vorkämen.

Mit dem Reprisenbar ist folgendes Schema verwandt, das man wegen seines häufigen Vorkommens fast als Normalmelodie bezeichnen könnte:

a, a, b; a, a, b; c, c; a, a, b.

Es ist ein Reprisenbar, dessen Stollen selber gewöhnliche Bare sind. Der Abgesang besteht aus einem Motiv, das wiederholt wird. Als Mustermelodie kann hier das Kinderlied „Hänschen klein" angesehen werden. Die Taktzahlen sind:

1, 1, 2; 1, 1, 2; 2, 2; 1, 1, 2.

Beethoven hat das Schema noch kompliziert, indem er nach seiner Gewohnheit den Abgesang b selber als Bar konstruierte.

In den Formen, die wir bis jetzt kennengelernt haben, besteht die gesamte populäre Musik der neueren Zeit. Die eigentliche Kunst beginnt erst bei der Komposition höherer Formen. Erst in ihrer Erkenntnis besteht der wirkliche Kunstgenuß, das was Plato als Euphrosyne, als Frohsinn, bezeichnet.

Über die wundersame Art, wie ein Kunstwerk aus Teilformen zusammengesetzt ist, die sich gegenseitig heben, wie des ferneren die übergeordneten

Formen die unteren beleuchten, erfahren wir das Nähere am besten an einem Beispiel. Ich wähle dazu den ersten Satz der sogenannten Pastoralsonate op. 28 für Klavier von Beethoven, und zwar den Teil bis zum Doppelstrich.

Man unterscheidet sogleich fünf Hauptabschnitte:

I. 10, 10, 20 (+ 1) Das erste Thema	Takt	1— 40
II. 8, 8, 7 Das erste Seitenthema	„	40— 62
III. 8, 8, 12 Die Brücke	„	63— 90
IV. 4, 4, 12 wird repetiert 4, 4, 17. Das zweite Thema	„	91—135
V. 8, 8, 8 + 3 Das zweite Seitenthema	„	136—162

Die Verwandtschaft des Satzes mit dem zweiten der Pastoralsymphonie fällt sogleich auf. Zwar ist letzterer in $^{12}/_8$-Takt geschrieben, aber auch der Klaviersatz könnte unter Zusammenfassung von je vier Takten und Ersetzung der Viertel durch Achtel so notiert sein. Ja man wird gut tun, stets den Obertakt von vier gewöhnlichen Takten zu notieren. Wenn Beethoven die jetzige Schreibweise vorgezogen hat, so hat das besondere Gründe. Im andern Fall ergeben sich Überschneidungen, insbesondere würde das ganze Stück bei der Repetition um einen halben Takt verschoben. Gerade das ist gewiß Absicht bei Beethoven, aber in der Notierung wäre es unerträglich. Darum zieht man vor, es gar nicht hinzuschreiben.

Beginnen wir mit der Besprechung von III. Wir haben einen potenzierten Bar vor uns. Die beiden Stollen haben die Taktzahlen 2, 2, 4. Der Abgesang ist selber ein potenzierter Bar mit der Anordnung:

1, 1, 2; 1, 1, 2; 1, 1, 2.

Der Abgesang in diesem Abgesang ist nur von der Größe eines einzelnen Stollens; man spürt das deutlich an der Spannung gegen das zweite Thema (IV) zu. Im Rhythmus sind die Stollen gegen den Abgesang scharf abgehoben, erstere sind jambisch, letzterer trochäisch.

Durch den Rhythmus der Begleitung ist der ganze dritte Abschnitt in zwei genau gleiche Teile geteilt. Die ersten vierzehn Takte ruhen auf dem Viertelsrhythmus, der das ganze Stück bis zu dieser Stelle begleitet, die zweiten vierzehn Takte dagegen auf einem beschwingteren Achtelsrhythmus. Der Wechsel der mitten im Abgesang des zweiten Stollens eintritt, ist einer der eindrucksvollsten Momente des ganzen Stückes. Übrigens wechseln die beiden Rhythmen auch im zweiten Satz der Pastoralsymphonie ab.

Der II. und V. Abschnitt sind gleich gebaut. Beides sind Bare. Der erste Stollen besteht aus einem Bar vom Typus 1, 1, 2, der sogleich in der Dominante bzw. in der Subdominante wiederholt wird. Dieser Stollen wird in üblicher Weise wiederholt, im ersten Fall mit Fiorituren. Der Abgesang ist bei II ein Bar 2, 2, 3, bei V wird zunächst die zweite Hälfte des Stollens repetiert, dann dessen zweite Hälfte noch zweimal, dann kommt eine Übergangspartie von drei Takten.

Das erste Thema I erweist sich sogleich als ein Bar von 10, 10, 20 Takten. Nach der Gewohnheit Beethovens sollte das Hauptthema ein Bar sein, dessen Abgesang selber einer ist. Man erwartet zu Beginn das Schema 2, 2; 1, 1, 2. Dies stimmt auch für Takt 5—8. Aber bei Takt 1—4 ist die Wiederholung nicht so deutlich. Sieht man nun aber den großen Abgesang von 20 Takten genauer an, so entdeckt man, daß er den Typus 8, 8, 4 hat und daß die beiden Stollen fast genau übereinstimmen mit den acht ersten Takten des Stückes, und hier ist der Aufbautypus 2, 2; 1, 1, 2 sehr viel deutlicher. Wir haben also hier das Hauptthema der Sonate zu erblicken, das gleich viermal gebracht wird. Gehen wir genauer auf den Stollen von zehn Takten ein, der die Sonate eröffnet. Dem eben konstatierten Bar von acht Takten sind hier noch zwei Takte angehängt. Da, zum mindesten bei dem Beginn des Satzes, der Obertakt von vier gewöhnlichen Takten stark gespürt wird, so erscheint bei der Wiederholung des Stollens eine Interferenz. Der Hauptakzent erscheint erst im dritten Takt der Wiederholung, und das Motiv wird also verändert. Das ist sicher Beethovens Absicht, denn in der Durchführung wird ein Motiv verwendet, das aus dem letzten, 5. Obertakt besteht. Dieses erscheint erst bei der Wiederholung als Einheit, während es beim ersten Mal durch den Beginn des 3. Obertaktes in zwei Hälften geteilt ist. Man vergleiche hierzu den Beginn der Durchführung, wo das Motiv gerade in der angegebenen Weise eingeführt wird.

Schließlich bleibt noch das zweite Thema übrig (IV. Abschnitt). Zunächst findet man einen Bar vom Typus 4, 4, 4, dessen beide Stollen Bare vom Typus 1, 1, 2 sind. An den Abgesang schließt sich unmittelbar ein Bar vom Typus 2, 2, 4 an, dessen Abgesang den Typus 1, 1, 2 hat. Bei der Repetition dieser ganzen Partie werden an die beiden Abgesänge noch 2 bzw. 3 Takte angehängt.

Man sieht schon an dieser trockenen Aufzählung, wie die Symmetrien die Komposition durchdringen. Man müßte das ergänzen durch die Harmonik; doch diese bildet ein Gebiet für sich, das ich beiseite lasse.

In noch viel höherem Maße als bei den Kleinformen entstehen durch die Superpositionen empfindliche Stellen, welche gleichsam die Strahlen von mehreren Partien des Stückes in sich sammeln. Die Wirkung kann so stark sein, daß die Musik gelegentlich nur noch ihre Gegenwart zu markieren, nichts Selbständiges mehr zu enthalten braucht. Man denke etwa an die Stelle im zweiten Finale der Zauberflöte, wo sich Tamino und Pamina vor der Prüfung wiederfinden. Im allgemeinen kann man sagen: Je mehr die Aspekte wirken, um so besser ist die Musik.

Die instrumentale Wiedergabe des Übereinandergreifens der verschiedenen
Formen übersteigt das dilettantische Können, das für die Kleinformen
völlig zureicht. Wie ist sie überhaupt möglich, da der zeitliche Ablauf doch
nur ein Nacheinander, kein Nebeneinander zu gestatten scheint? Man bedarf dazu der größten Präzision, der Möglichkeit feinster Differenzierung,
um die einzelnen Formen gegeneinander abzuheben und durch leichte
Atempausen zu trennen, allgemein zu reden, um das Stück zu gestalten.
Schon beim ersten Takt, den ein guter Spieler anschlägt, stellt sich der
Hörer automatisch auf die größere Spannung ein. Um so unangenehmer
ist freilich das Gefühl, wenn man nachher enttäuscht wird und bloß maschi-
nelle Genauigkeit zu hören bekommt, was man schon beim Wechsel der
ersten Kleinform in die folgende empfindlich zu spüren bekommt, und was
sich bei wichtigen Stellen bis ins Unerträgliche steigern kann. Da ist na-
natürlich die ungenaue Spielweise der Dilettanten bei weitem vorzuziehen.
Die Technik ist nur so weit von Wert, als sie völlig zur Gestaltung des
Stückes ausgenützt wird. Die Nuancen sind keineswegs Beigaben empfind-
samer Seelen, sondern die Grundpfeiler der Wiedergabe eines Stückes, weil
erst sie den Symmetriegehalt des Werkes erkennen lassen. Die außerordent-
liche Genauigkeit, welche der Künstler und der Zuhörer hierbei in Funktion
setzen, ist einer der deutlichsten Beweise für die mathematische Struktur
des menschlichen Geistes.

Ferner kann man nicht sagen, daß es für ein Stück eine bestimmte richtige
Wiedergabe gibt. Die gegenseitige Wirkung der Formen ist so reichhaltig,
daß sie niemals bei einmaligem Spielen allseitig zur Geltung kommen kann.
Jedes größere Kunstwerk kann nur durch mehrmalige verschiedene Interpretation erschöpft werden. Auch in der Ornamentik ist es ja so, daß dasselbe Gebilde eine Anzahl verschiedener möglicher Anschauungsweisen zuläßt, die man durch verschiedene Arten der Färbung zur Wirkung bringen
kann.

Den Farben entspricht in der Musik der Klang der verschiedenen Instrumente; darum wird ein Orchester dem Formenreichtum eher gerecht als ein
Klavier. In besonders hohem Grade gilt dies von den Fugen, deren Aufbau
mit der Ornamentik aufs engste verknüpft ist. Mozart ließ daher Bachsche
Fugen von Streichquartetten spielen, und neuerdings hat die Graesersche
Instrumentierung der Kunst der Fuge von Bach dieses Werk zu neuem Leben
erweckt — eine geniale künstlerische Tat, von deren Möglichkeit niemand
etwas ahnte.

Immer wieder ist versucht worden, die Formenschöpfung psychologisch
aus dem Unterbewußtsein zu erklären, aber ohne Erfolg. Die Formenschau
ist vielleicht das Allerbewußteste, was es gibt. Sie erfordert gepannteste

Aufmerksamkeit auf eine Sache während mehrerer Minuten und die Wiederholung dieses Aktes mehrmals im Tage und während längerer Zeit. Als man Lagrange fragte, wie er seine Entdeckungen mache, sagte er: „En y pensant toujours." Das ist natürlich stark übertrieben, aber im Kern der Sache richtig und ebenso für den Musiker wie für den Mathematiker gültig. Ist die Form endlich einmal geboren, so wirkt sie über die Zeit hinweg. Die Kompositionen Beethovens leisten seit über hundert Jahren jeden Tag in unzähligen Bewußtseinsströmen ihren Dienst, indem sie sie glätten und mit schönen Phantasien anfüllen, die natürlich in ihrem speziellen Inhalt vom jeweiligen Träger abhängen. Sie wirken auf ihn, wie ein Magnet auf die Eisenfeilspäne oder wie die schwingende Platte auf den Sand, mit dem sie bestreut ist. Die Phantasie ist die Materie für die Formen.

So wird es auch unmöglich sein, aus Erlebnissen die Kunst herzuleiten. Zwar sind sie potentiell Kunstwerke, aber um es auch aktuell zu werden, muß nach dem bekannten Aristotelischen Satze etwas hinzukommen, das selber „actu" ist, nämlich der Kunstverstand des Künstlers. Dieser wird auch aus kleinsten Erlebnissen ein Meisterwerk hervorbringen; ohne ihn wird auch das bedeutendste Erlebnis sich nicht in ein Kunstwerk umwandeln, ebensowenig wie in einen Beweis des Fermatschen Satzes.

Das Wesentliche am musikalischen Kunstwerk gehört dem Seelischen, nicht dem Sinnlichen an und besteht daher aus Relationen. Zwei Tönen ist es gleichgültig, ob sie in reinen oder unreinen Intervallen zueinander stehen. Erst die Apperzeption macht diese Unterscheidungen. Erst in der seelischen Welt des Verstandes ist eine künstlerische Arbeit möglich, die Erfolg versprechen kann. Sie besteht zunächst in der Kritik, die erweist, daß die Kunstwerke, die man bisher mit Hilfe von Gefühl und Phantasie gemacht hat, nichts weiter als Anwendungen übernommener Schemata sind. Dann wird sie, wenn man Glück hat, zu neuen Entdeckungen führen; aber diese sind viel seltener und viel schwerer erreichbar, als man gewöhnlich annimmt. Dafür ist in der Kunst die Anwendung erprobter Schemata viel häufiger als in der Wissenschaft. Es ist ergötzlich, zu sehen, wie Mozart eine einmal als wirksam erkannte Partie in vielen Stücken anbringt, und wie man sie genießt, ob man das nun gemerkt hat oder nicht. Dabei ist er meistens nicht einmal ihr Entdecker. Ein großer Teil echt Mozartscher Stellen stammt von Ph. Em. Bach, Schobert u. a. Wenn sie bei ihm besonders leuchten, so kommt das von seiner überlegenen Kompositionskunst.

Die Polemik gegen den Verstand, die in vielen Schriften über Kunst üblich ist, hat daher wenig Berechtigung. Denn zunächst degradiert sie den Verstand auf das bloße Anwenden vorgeschriebener Schemata. Das ist aber gerade nicht die Funktion des Verstandes, sondern des Handwerks. Die

Polemik ist daher ein Kampf mit einem Schatten. Sodann übersieht sie, daß in der Kunst tatsächlich die Anwendung eingelernter Formeln eine große Rolle spielt. Sie unterschätzt daher die Wichtigkeit der Überlieferung und der bescheidenen Arbeit und führt ihre Streiche in die Luft. Mit Recht sagt also Kepler im Prognosticum auf das Jahr 1604: „Wer ohne Mathematik in studiis fortfahret, streicht lautter in die Luft und schlahet sich mit einem Schatten; auch mag er in ewigkeit kein philosophus mit Ehren genennet werden". Non ragioniam di lor.

Die Schöpfung neuer Formen ist ein Mysterium; über die Genesis neuer Kunstformen und neuer wissenschaftlicher Gebilde lassen sich keine Gesetze aufstellen. Denn der Verstand ist nicht Selbstzweck; es genügt nicht, daß etwas rational ist, um schön zu sein. Der Verstand kann uns nur an die Grenze der geistigen Welt, des Mundus intelligibilis führen; um einen Blick hineinzutun und etwas von dort zu erlangen, braucht es Geduld und Glück. Aber vieles können wir ohne Schwierigkeit an den Kunstwerken erkennen, die uns zugänglich sind. Zu diesem Kunstgenuß bedarf es nur einer Anleitung, er ist jedermann erreichbar.

In früheren Zeiten ist der arithmetische Charakter der Musik unbestritten gewesen, weil jedermann bei den Zahlen unmittelbar an Töne dachte. Heute denkt man unter dem Einfluß der analytischen Geometrie an räumliche, visuelle Dinge, nicht an akustische. Trotzdem ist es überraschend, daß die Verwandtschaft der beiden Gebiete noch im letzten Jahrhundert gefühlt wurde. So schreibt Schopenhauer — bei dem man es zuletzt erwarten würde — im 3. Buch von „Welt als Wille und Vorstellung":

„Die Musik ist ... wenn als Ausdruck der Welt angesehen, eine im höchsten Grade allgemeine Sprache, die sich sogar zur Allgemeinheit der Begriffe ungefähr verhält, wie diese zu den einzelnen Dingen. Ihre Allgemeinheit ist aber keineswegs jene leere Allgemeinheit der Abstraktion, sondern ganz anderer Art, und ist verbunden mit durchgängiger deutlicher Bestimmtheit. Sie gleicht hierin den geometrischen Figuren und den Zahlen, welche als die allgemeinen Formen aller möglichen Objekte der Erfahrung und auf alle a priori anwendbar, doch nicht abstrakt, sondern anschaulich und durchgängig bestimmt sind. Alle möglichen Äußerungen des Willens sind durch die Musik auszudrücken, aber immer in der Allgemeinheit bloßer Form, ohne den Stoff, immer nur nach dem Ansich, nicht nach der Erscheinung, gleichsam die innerste Seele derselben ohne den Körper ... Daher scheint die Musik den geheimsten Sinn der Handlung, zu der sie tönt, aufzuschließen ... Aber man kann doch keine Ähnlichkeit angeben zwischen jenem Tonspiel und den Dingen, die es begleiten ... Die Musik ist nicht Abbild der Erscheinungen des Willens, sondern unmittelbar Abbild des Willens selber."

32

Viel klarer noch schreibt Nietzsche — allerdings sind es wohl Gedanken Jacob Burckhardts, die er wiedergibt — in Briefen an Dr. Carl Fuchs:

(1877) „Ich habe immer gewünscht, es möchte einer, der es kann, einmal Wagners verschiedene Methoden innerhalb seiner Kunst einfach beschreiben, historisch-schlicht sagen, wie er es hier, wie dort macht. Da erweckt mir nun das aufgezeichnete *Schema*, welches Ihr Brief enthält, alle meine Hoffnungen: gerade so einfach *tatsächlich* müßte es beschrieben werden. Die Andern, welche über Wagner schreiben, sagen im Grund nicht mehr, als daß sie ein großes Vergnügen gehabt und dafür dankbar sein wollen; man lernt nichts."

(1884) „Der Teil wird Herr über das Ganze, die Phrase über die Melodie... schließlich auch der esprit über den ‚Sinn‘... Was ich wahrzunehmen glaube, ist eine Veränderung in der Perspective: man sieht das Einzelne viel zu scharf, man sieht das Ganze viel zu stumpf..."

(1888) „Wir betrachten diese Beseelung und Belebung der kleinsten Teile... als ein Verfallsymptom. Es ist ein Beweis dafür, daß sich das Leben aus dem Ganzen zurückgezogen hat und im kleinsten *luxuriirt*... In dem Maße, in dem sich das Auge für die rhythmische Einzelform (‚Phrase‘) einstellt, wird es *myops* für die weiten, langen, großen Formen."

Lehrbücher für Kontrapunktik hat es seit langer Zeit gegeben. Sie werden heute unterschätzt; aber zuzugeben ist, daß sie das Studium an den Originalwerken nicht ersetzen, sondern bloß vorbereiten können. Daß sich hinsichtlich des Studiums und der Arbeitsweise Künstler und Gelehrte in nichts unterscheiden, ist längst bekannt. Besonders eindrucksvoll geht das aus den Untersuchungen von Wyzéwa und Saint-Foix über Mozart (Paris 1912, Perrin & Cie.) hervor, in denen durch eingehende Analyse der Jugendwerke Mozarts Arbeitsweise aufgedeckt wird. Folgendes sei als Beispiel erwähnt: Die Klaviersonate in F-dur, Köchel 280, ist nach dem Muster einer kurz vorher erschienenen Sonate von Haydn (in F-dur, Nr. 20, bei Peters) komponiert, entspricht also einem Referat über eine fremde Abhandlung in der Wissenschaft — wobei gelegentlich das Referat besser sein kann als die Urschrift. Mozart hat in der Tat die Kompositionsweisen der vorhergehenden Jahrzehnte völlig beherrscht. Für ihn ist diese wissenschaftliche Arbeitsweise selbstverständlich, und er drückt sich darüber in seinen Briefen ohne Scheu aus. Wenige Jahrzehnte später wäre das für einen Komponisten nicht mehr zulässig gewesen, und so konnte die Ansicht entstehen, Richard Wagner habe die Formen gesprengt. Daß dies nicht der Fall war, sondern daß er im Gegenteil einer der fruchtbarsten Formenerfinder gewesen ist, hat Alfred Lorenz in seinen grundlegenden Untersuchungen über die Hauptwerke Wagners gezeigt. Die Dinge, die dort zum Vorschein kommen, sind so wunderbar und unerwartet, daß jeder Musikfreund sie studieren sollte. Sie bilden für die mathematische Denkweise in der Musik die eigentliche Rechenprobe. Eine schöne Ergänzung dazu liefern die Entdeckungen von Otto Baensch über Beethovens Neunte Symphonie (Schriften der Straßburger Wissenschaftlichen Gesellschaft, Neue Folge, Heft 11). Parallel mit diesen musikalischen Formen geht die Metrik in der Dichtkunst, und hier ist die Wissenschaft viel weiter gekommen. Die Entdeckungen von Andreas Heusler über den deutschen Versbau geben Richtungen an, in denen sich auch die Musikforschung weiterbewegen kann. Zu unserer Freude finden wir hier die Grundprinzipien der mathematischen Denkweise wieder, etwa in folgenden Sätzen: „Auch nach dem Metronom kann man seelenvoll geigen." „Das Wort ‚Schema‘, recht verstanden, braucht so wenig ein Popanz zu sein, wie das Wort ‚Skandieren‘. Es meint die im Bilde festgehaltene rhythmische Linie. Da der duftigste Vers seine rhythmische Linie hat, kann er sich auch sein Schema gefallen lassen, nur eben — das richtige." „... diese ganze Frage nach dem Helligkeitsgrade des Schaffenden ist für den Versbeschreiber unerheblich. Denn der Versbeschreiber hat es zu tun mit dem sinnlich faßbaren Erzeugnis der Dichterseele, nicht mit dem seelischen Zeugungsakte."

Zum Schluß sei noch auf ein musikalisches Kuriosum hingewiesen, ein Giuoco harmonico, das Haydn verfaßt hat. Ein ähnliches Spiel ist auch von Mozart publiziert worden. Das Haydnsche ist in der „Musikalischen Gartenlaube", III. Band, 1870, abgedruckt worden. Ich verdanke seine Kenntnis Herrn G. Pólya. Es besteht aus 11 mal 16 Takten, aus denen sechszehntaktige Menuette zusammengesetzt werden sollen. Für jeden Takt sind elf Exemplare vorhanden, und das Spiel verläuft so, daß man durch Würfe mit zwei Würfeln für jeden Takt eines der Spezimina auswählt. Es zeigt sich, daß jedesmal ein hübsches Musikstückchen entsteht. Die Anzahl derselben ist, wie man leicht ausrechnet:

$$45\,949\,729\,863\,572\,161.$$

Würde man sie auf einen Streifen hintereinander aufschreiben, so brauchte das Licht ein ganzes Jahr, um von einem Ende zum andern zu gelangen. Man ersieht daraus, daß die musikalische Wirkung nicht vom einzelnen Motiv ausgeht, denn man kann es ja durch eines der zehn übrigen ersetzen, ohne Änderung des Schönheitsgrades. Die Wirkung beruht daher, genau wie beim Kaleidoskop, in den Relationen zwischen den einzelnen Takten, und es ist nicht sehr schwer zu erkennen, wie Haydn das Spiel gemacht hat. Ähnlich wie es für die algebraische Gleichung eine Metaphysik, die Gruppe, gibt, deren Kenntnis das Innerste der Gleichung enthüllt, so gibt es auch für das Kunstwerk eine Metaphysik, nämlich einen Symmetriegehalt, dessen

Kenntnis gestattet, beliebig viele schöne Stücke zu komponieren, und die
Auffindung solcher Konfigurationen ist die wahre künstlerische Leistung.
Die Aufgabe der Wissenschaft wäre es, für die einzelnen Stücke den vollen
Aufbau mit allen Bindungen zu suchen. Es werden dann noch Leerstellen
bleiben, die man beliebig ausfüllen kann. Aber es ist zu vermuten, daß es
Kompositionen, z. B. Fugen von Bach, gibt, bei denen jeder Ton durch die
Bindungen festgelegt ist, so daß als einziger Freiheitsgrad die Tonart bleibt.
Vielleicht ist das gute Kunstwerk durch eine Minimaleigenschaft ausge-
zeichnet: es ist das einfachste Stück, das bei dem in ihm enthaltenen Sym-
metriekomplex möglich ist.

DIE NATURPHILOSOPHIE VON DANTE

Eine eigentliche Naturphilosophie gibt es in der heutigen Wissenschaft nicht;
sie gehört mit ihrer eigentümlichen Mischung von Spekulation und Empirie
einer vergangenen Epoche an und bietet daher unserem Verständnis erheb-
liche Schwierigkeit. Man ist heute geneigt, ihre Entdeckungen als Erzeugnisse
der dichterischen Phantasie anzusehen und in der Sphärenharmonie der
Pythagoreer, in den Mythen Platos, in Dantes Konstruktionen der Welt vor
allen Dingen das Künstlerische, Unwissenschaftliche zu betonen. Aber das
ist kaum die Absicht der Urheber gewesen; auch kann man darauf hinweisen, daß jede naturwissenschaftliche Lehre, wenn sie in der wissenschaftlichen Entwicklung überholt wird, nach kurzer Zeit märchenhaft-phan-
tastisch aussieht. In Wirklichkeit zeigt die spekulative Naturbeschreibung
eine große Beharrlichkeit. Das Weltbild, das Dante entwirft, ist die logische
Konsequenz der neuplatonischen Philosophie, mit den allerdürftigsten
Änderungen, die das Christentum verlangte. Geometrische Symmetrien sind
die eigentlichen formbildenden Mächte; sie werden auch der ethischen
Sphäre aufgeprägt. Darum gehört diese Wissenschaft in die mathematische
Denkweise, so gut wie die Ornamentik und die Musik, ja sie ist das
höchste, normgebende Stück davon. Wir wollen mit Hilfe des Werkes von
Dante in die Denkweise der Neuplatoniker einzudringen versuchen, in der
Hoffnung, uns in diesem Quellgebiet aller seitherigen philosophischen
Ströme orientieren zu können.

Wir beginnen am besten mit dem Vortrag von Dante über die Gestalt der
Erde, bekannt unter dem Titel: „Quaestio de aqua et terra". Er hat gegenüber der „Divina Commedia" den Vorteil, daß die Beweise mitgegeben sind.

Das Werk beginnt und schließt mit einer grimmigen Apostrophe. Dante
hat seinen Vortrag schriftlich niedergelegt, „damit es bösen Zuhörern unmöglich gemacht wird, solchen, die aus Neid ferngeblieben sind, Lügen über
seine Lehren zu berichten". So heißt es am Anfang; und am Schluß wiederholt er, er habe diesen Vortrag am 20. Januar 1320 in Verona in Gegenwart aller Gebildeten gehalten, nur seien gewisse Leute ferngeblieben, weil
ihre übergroße Caritas die Ansprüche der anderen nicht zuläßt und weil sie
durch die Macht ihrer Bescheidenheit so arm an heiligem Geist geworden
sind, daß sie den Ruhm anderer nicht billigen dürfen.

Der weitere Aufbau ist vollkommen symmetrisch. Zunächst werden fünf
Scheingründe dafür, daß das Meer höher liegt als das Festland, zitiert. Ich

möchte sie kurz wiedergeben, da sie einen guten Einblick in die schwankende Stellung der damaligen Erdkunde gestatten und uns zeigen, wie wenig damals von einem einheitlichen Forschungssystem die Rede sein konnte. Folgendes sind diese Gründe:

1. Die Erde ist eine Kugel, deren Zentrum im Weltzentrum liegt. Daher ist alles, was auf der Erdoberfläche aufliegt, weiter vom Zentrum entfernt als die Erdoberfläche, das heißt aber, es ist höher gelegen. Das gilt insbesondere vom Meere.

2. Das Wasser ist ein vornehmeres Element als die Erde, daher gebührt ihm auch ein vornehmerer, d. h. höherer Ort.

3. Die Seefahrer sehen, daß das Festland niedriger liegt als das Meer. Die gegenteilige Ansicht ist daher falsch, denn sie widerspricht den Sinnen.

4. Wenn das Meer nicht höher wäre als das Festland, so gäbe es keine Quellen, denn das Meer ist Ursprung alles Wassers, und das Wasser fließt abwärts.

5. Die Meeresoberfläche paßt sich dem Mondlauf an. Nun ist die Mondbahn exzentrisch gegenüber dem Weltzentrum, daher ist es auch die Kugelschale der Meeresoberfläche.

Diese fünf Beweise gehören zu ganz verschiedenen Geistesrichtungen. Wir finden Dogmatiker, welche mit dem Begriff des Ranges der Elemente operieren, ferner rohe Empiriker, schließlich gute Kenner der Astronomie und Astrologie. Diese falschen Ansichten werden erst am Schluß des ganzen Werkes, übrigens in ziemlich abschätziger Weise, widerlegt.

Was nun folgt ist der Beginn des eigentlichen Vortrages von Dante. Zunächst wird bewiesen, daß die Oberfläche des Meeres einer Kugelfläche angehört, deren Zentrum mit dem Weltzentrum übereinstimmt.

Der Beweis wird auf folgende zwei Axiome gegründet:

a) Das Wasser fließt nach unten.

b) Es kann seiner Natur nach beliebig tief sinken (wogegen das Feuer z. B. in seinem Aufstieg eine obere Schranke besitzt).

Wer diese beiden Grundsätze nicht akzeptiert, fährt Dante fort, gegen den kann er nichts beweisen (contra negantem principia alicuius scientiae non est disputandum in illa scientia [nach Aristoteles]).

Das weitere verläuft etwas umständlich, aber rein geometrisch. Danach ist also das Festland überall höher gelegen alse das Meer, denn an den Meeresufern ist das sicher der Fall, und für das innere Land folgt es aus dem Lauf der Flüsse, die alle abwärts zum Meere fließen.

Nun werden zwei Einwände formuliert:

Dasselbe, was soeben für das Element Wasser bewiesen wurde, gilt auch für das Element Erde, daher ist auch die feste Erde eine Kugel mit dem

Weltzentrum als Mittelpunkt, und sie muß infolgedessen gänzlich von Wasser überflutet sein.

Dante wendet dagegen ein, daß für die zentrische Lage das Gewicht maßgebend sei. Unsere Hemisphäre könnte leichter als die andere sein, und hierdurch würde sich ihr Auftauchen erklären.

Sofort kommt der Einwand, daß das Element Erde homogen sei so gut wie das Wasser.

Man erwartet jetzt, Dante werde darauf hinweisen, daß unsere Hemisphäre Höhlen enthält. Dazu braucht er nicht einmal von seiner Höllenkonstruktion zu sprechen; denn das Vorhandensein von Hohlräumen ist stets angenommen worden. Das ist nun aber nicht der Fall, sondern Dante braust unvermittelt auf und sagt: Alle diese Einwände sind Sophistereien und verfehlt, sowohl bedingungsweise als auch überhaupt (secundum quid et simpliciter). Und nun kommt er mit einer ganz neuen Beweiskategorie, wie wir sie niemals mehr heute anwenden würden, nämlich mit der Causa finalis, der Zweckursache. Hiernach müssen alle Formen, die potentiell in der Materie sind, auch aktuell, wirklich existieren. Denn sie sind idealiter in Gott, und wenn sie nicht irgendwo aktuell vorhanden wären, so würde dem Schöpfer etwas mangeln in der Ausgießung seiner Güte. Es muß daher einen Ort geben, wo alle Elemente gemischt werden können; hierfür kommt nur das Festland in Betracht; denn die Gestirne sind aus ganz anderem Material. Es muß daher außer der einfachen Natur, deren Gesetze angegeben wurden, noch eine andere Natur in der Erde stecken, durch welche sie den göttlichen Intentionen folgt, wie auch die Menschen gelegentlich von ihren Begierden ablassen und der Vernunft gehorchen, nicht dem eigenen Triebe. Diese Lehre von einer geistigen Natur, die in der Erde steckt, ist auch von Kepler verwendet worden. Sie wäre danach nicht mit der *Intelligenz* des Menschen, sondern nur mit seinem *Instinkt* zu parallelisieren.

Jetzt ist Dante soweit, um seine eigene Lehre von der Gestalt der Erde darzulegen, und dies geschieht in der zweiten Hälfte des Vortrages, die übrigens genau gleich wie die erste aufgebaut ist. Danach ist es allerdings unmöglich, daß die Erde eine exzentrisch liegende Kugel ist, denn dann müßte der auftauchende Teil Kreisform haben, wie aus den Elementen der Geometrie folgt. Vielmehr hat die Erde einen kugelförmigen Kern, der um das Weltzentrum liegt, und auf ihn ist ein Buckel aufgesetzt. Dieser Gibbus beginnt beim Äquator, in einer Ausdehnung von 180 °, zwischen Ganges und Gades. Er erstreckt sich nach Norden und endigt in einem größten Kreis, der durch die beiden ebengenannten Punkte des Äquators geht und den Polarkreis berührt. Er hat also etwa die Form eines Melonenschnitzes; Dante spricht, nicht gerade glücklich, von einem Halbmond.

Durch den Buckel wird aber das Gleichgewicht gestört, der Erdkern müßte aus seiner zentralen Lage weggeschoben werden und der Buckel könnte unter die Meeresfläche tauchen. Daher braucht es eine emportreibende Kraft. Diese kann nicht in der Erde selbst gefunden werden, da dies gegen ihre Natur, nämlich die Schwere ist. Ebensowenig kommt als Ursache der Kraft das Wasser in Betracht. Aber auch Luft und Feuer müssen ausgeschlossen werden, denn diese umhüllen homogen und gleichförmig die ganze Erd- und Wasserkugel; sie können daher nicht einen einseitigen Auftrieb bewirken. Bleiben die Himmelssphären. Aber die sieben Planeten, Mond, Merkur, Venus, Sonne, Mars, Jupiter, Saturn, kommen auch nicht in Betacht; denn sie bewegen sich auf der Ekliptik, die sich ebensoviel in den Nord- als den Südhimmel erstreckt. Ferner ist der 9. Himmel oberhalb der Fixsterne wegen seiner vollkommenen Homogenität auch untauglich. Bleibt der 8., der Fixsternhimmel, der in sich die Diversität an seinen Sternbildern enthält. So muß man also annehmen, daß die Sterne in der nördlichen Zone, zwischen dem Äquator und dem nördlichen Polarkreis, die Erdelevation bewirken, entweder durch eine magnetische Kraft, die von ihnen ausgeht, oder dadurch, daß sie in dem Erdinnern auftreibende Dämpfe erregen.

Nun folgen, wie im ersten Teil, zwei Fragen, die Dante von oben herab abfertigt:

1. Warum zieht sich der Buckel nicht wulstförmig um die obere Hemisphäre herum, wie die attrahierende Sternzone?

Antwort: Weil nicht genug Materie vorhanden war. (Wir fragen uns vergeblich, warum Gott nicht mehr Materie geschaffen hat.)

2. Warum ist der Buckel gerade nach dieser bestimmten Gegend gerichtet, und nicht nach einer andern?

Antwort: Solche Fragen stammen entweder von großer Dummheit oder von großem Dünkel.

Und nun zitiert Dante mit einem wahren Triumph eine Anzahl Bibelstellen, welche die Ohnmacht der menschlichen Weisheit verkünden: Hört auf, hört auf, ihr Menschen, nach dem zu forschen, was über euch liegt. Hört Jesaia, der sagt: So viel der Himmel höher ist denn die Erde, so sind auch meine Wege höher denn eure Wege. Hört Hiob, hört den Psalmisten und die Apostel, und hört schließlich die eigene Stimme des Schöpfers, der sagt: Wo ich hingehe, da könnt ihr nicht hinkommen.

Nachdem Dante noch, wie schon bemerkt, die fünf Beweise für die Elevation des Meeres kurz widerlegt hat, schließt das Werkchen.

Der wissenschaftliche Standpunkt, der in dieser Abhandlung von Dante eingenommen wird, ist aristotelisch, und die darin behandelten Fragen waren zu Dantes Zeiten viel erörtert. Brunetto Latini, sein Lehrer, nimmt

einen *Wasserbuckel* an und spricht viel von den Kanälen, die im Erdinnern
verlaufen; die magnetische Kraft findet sich schon bei Ristoro d'Arezzo.
Ob dagegen der *Erdbuckel* eine Dantesche Entdeckung ist, weiß ich nicht.
Er findet sich später wieder bei Kepler, und der Ausdruck ist noch heute
in der Geologie üblich.

Jedenfalls ist zu bemerken, daß Dante seinen Stoff vollkommen beherrscht, wie das nur ein Gelehrter kann, der sich eingehend mit diesen
Problemen befaßt hat. Man hat den Eindruck, daß so energisch seit dem
Altertum nicht mehr in der Natur disponiert worden ist. Es ist der Kosmograph vom Schlage des Kopernikus oder Kepler, der hier spricht.

Noch verstärkt wird dieser Eindruck, wenn wir die Lösung der „Divina
Commedia" damit vergleichen. Hier ist er nicht den Fesseln der menschlichen
Wissenschaft unterworfen, denn ihm ist durch göttliche Gnade die Wahr-
heit offenbart worden, er durfte Christus nachfolgen, und von diesem
Hochgefühl aus ist der triumphierende Schluß von der Ohnmacht unserer
Wissenschaft in der „Quaestio" zu verstehen.

Zunächst ist hier die Schwierigkeit der Lage des Attraktionszentrums
nicht vorhanden. Denn außerhalb aller neun bewegten Himmel, am Ende
des Raumes, befindet sich der göttliche Punkt, der ruht, wie die Erde. Von
ihm gehen alle Kräfte aus, daher kann man auch die Attraktionskraft in ihn
verlegen. Nun befindet sich dieser Punkt keineswegs oberhalb der Mitte
unseres Erdbuckels, nämlich Jerusalems, sondern gerade gegenüber, im sogenannten Nadir von Jerusalem. Daher müßte die Erde eigentlich bei unseren Antipoden hervorragen. Das war nun nach der „Divina Commedia" in
der Tat bei der Schöpfung der Fall. Aber bevor man noch auf zwanzig
zählen konnte, hatte bereits die Rebellion von Engeln stattgefunden.

Diese ist keineswegs eine Dantesche Phantasie, sondern sie stand als
sichere historische Tatsache fest und begründete die Existenz des Übels in
der Welt. Luzifer stürzte kopfüber aus dem göttlichen Punkt hinunter.
Als ihn die Erde kommen sah, wich sie entsetzt zurück; Luzifer blieb im
Zentrum stecken, und oberhalb seiner drei Häupter entstand eine Höhle,
die Hölle; ferner schlug die Erde hinter ihm wieder zusammen, und dabei
formte sich der Berg des Purgatoriums in der Gegend unserer Antipoden.

Dieses neue Erdgebilde ist in sich äquilibriert, es bedarf nicht mehr der
Attraktion — Gott zieht natürlich Luzifer nicht an —, denn unsere Hemisphäre ist zwar durch die Flucht der Erde aufgetrieben und hat ihren Buckel
erhalten, aber das Übergewicht wird kompensiert durch die Höhlung der
Hölle und das Gegengewicht des Purgatoriumberges.

Diese Dinge erzählte Dante nur teilweise, aber wenn man sie mit der
„Quaestio" zusammenhält, so ist es nicht schwer, die Angaben zu ergänzen.

Eine Begründung für diese Lehre gibt Dante nicht, wie er überhaupt alles in der „Göttlichen Komödie" autoritativ als geoffenbarte Weisheit berichtet. Daneben hat er aber durch Abhandlungen, „De monarchia", „De vulgari eloquentia" und eben durch die „Quaestio" dafür gesorgt, daß man auch die wissenschaftlichen Gründe, die ihn zu seinen Ansichten geführt haben, kenne.

Mit dem bisher Erwähnten ist nun aber der naturwissenschaftliche Gehalt der „Göttlichen Komödie" keineswegs erschöpft; denn der Weltbau wird in allen Einzelheiten beschrieben. Freilich handelt es sich dabei nicht um eine Wissenschaft im Sinne von Aristoteles. Denn das Problem, die den lebendigen Menschen unzugänglichen, von den Seelen bewohnten Teil der Erde und des Himmels zu schildern, gehört nicht hierher. Wenn wir eine antike Philosophie nennen wollen, welche solche Fragen allenfalls beantwortet, so ist es der Neuplatonismus.

Nun kann man einwenden, die ganze „Göttliche Komödie" habe nur eine allegorische Bedeutung, man dürfe sie nicht wörtlich nehmen. Ich kann diesen Einwand nicht entkräften, so wenig ich auch an seine Stichhaltigkeit glaube; dagegen möchte ich versuchen zu zeigen, daß die *Möglichkeit* besteht, Dante habe ein wirkliches Weltbild aufstellen wollen, ähnlich etwa wie Kepler in seinem „Mysterium cosmographicum"; ferner möchte ich zeigen, wie von diesem Standpunkt aus sich das Gedicht ausnimmt. Ich darf mich hierbei sogar auf Dante selber berufen, der sagt, bei einer Allegorie müsse man vor allen Dingen den wörtlichen Sinn genau verstehen. Seltsamerweise ist dies in neuerer Zeit nicht mehr versucht worden, während noch Galilei sich in seiner Jugend ernsthaft mit der Konstruktion der Hölle befaßt hat und vor ihm viele Gelehrte und Architekten, z. B. Brunelleschi.

Der wörtlichen Deutung steht vor allem entgegen, daß Dante selbst ausdrücklich eine allegorische Bedeutung seines Werkes angibt. Im „Convivio" führt er, ohne Beziehung auf die „Divina Commedia", folgendes aus:

Neben dem wörtlichen Sinn gibt es noch drei andere Sinne: der allegorische Sinn (Beispiel die Fabeln, welche unter einer schönen Lüge eine Wahrheit verstecken), der moralische Sinn, wofür eine Deutung der Verklärung Christi als Beispiel gegeben wird. Schließlich der anagogische Sinn: der Auszug der Israeliten bedeutet die Befreiung der Seele von den Sünden. Wie man sieht, beziehen sich die Beispiele, außer im Fall der Fabeln, die eine „bella menzogna" darstellen, durchwegs auf reale Tatsachen für Dante.

Die wichtigere Stelle ist diejenige im Brief an Can Grande, der viel später als das „Convivio" geschrieben wurde. Dort hat Dante inzwischen erfahren, daß das Wort Allegorie von dem griechischen ἄλλος = anders kommt und nennt nun *alle* Sinne allegorisch; als Beispiel wird jetzt der Auszug aus Ägypten auf drei verschiedene Weisen allegorisch gedeutet. Darauf kommt

Dante im speziellen auf die „Commedia" zu sprechen und gibt zwei Sinne derselben an. Der wörtliche Sinn ist der Zustand der Seelen nach dem Tod, simpliciter sumptus (einfach genommen, wie er an sich ist); denn darum drehe sich der ganze Fortgang des Werkes. Der allegorische Sinn ist aber, wie der Mensch durch Würdigkeit oder Unwürdigkeit, gemäß der Willensfreiheit, der belohnenden und strafenden Gerechtigkeit verfällt. Das heißt: der allegorische Sinn ist die göttliche Gerechtigkeit, welche in der Verteilung der Seelen auf Hölle und Himmel sich manifestiert.

Was ist nun eigentlich eine Allegorie? Das ganze mittelalterliche Denken ist davon durchdrungen, und es muß daher tief in der Denkweise gegründet sein. Ich möchte in der Tat zeigen, daß der Idealismus in seiner ganzen Struktur allegorisch angelegt ist, und zwar nicht nur im Mittelalter, sondern im ganzen Verlauf seiner Erscheinung, vom griechischen Altertum bis zu Goethe und Hegel; daß daher auch die Dantesche Naturphilosophie von hier aus gesehen weder ungewöhnlich noch seltsam ist, sondern im Gegenteil nur ein Exemplar, und zwar bei weitem das berühmteste, einer vollausgebildeten platonischen Kosmographie darstellt.

Die Beziehung der auf die Sterne und Höllenkreise verteilten Menschen zu der göttlichen Gerechtigkeit ist im Sinne platonischer Philosophie die Beziehung einer Wesensstufe zu der übergeordneten; wir müssen uns daher vor allen Dingen mit der Hierarchie dieser Philosophie befassen, und ich möchte ein paar Beispiele davon geben. Beginnen wir mit Plotin: Der Mensch wird durch die Annahme von Tugenden Gott ähnlich, der selber keine Tugenden hat, weil man ihn als die EINS nicht qualifizieren darf. Nach demselben Schema wird ausgeführt: die Gegenstände der Kunst werden schön durch die Aufnahme von Symmetrien, aber die Schönheit selber besteht nicht aus Symmetrien. Die mathematischen Lehren bestehen aus einer Folge von Theoremen, aber das mathematische Gebilde ist eine Einheit und unzerlegt in Theoreme. Für Dante können wir gerade das obige Beispiel erwähnen: den Menschenseelen widerfährt Gerechtigkeit, indem sie auf die verschiedenen Sphären verteilt werden, aber die göttliche Gerechtigkeit ist nicht selber in Abteilungen geteilt.

Eines der schönsten Beispiele dieser Denkweise ist die Goethesche Farbenlehre, von der später ausführlich die Rede sein wird. Hier ist das Licht die obere Stufe, die Farben bilden die untere. Indem das Licht ins Dunkel des unter ihm Liegenden scheint, bringt es die Farben als seine Taten hervor; aber es besteht nicht aus Farben. Der innere Grund von Goethes Polemik gegen Newton liegt gerade in dem Festhalten an der Stufenordnung; wenn hier die Distanz nicht gewahrt werden dürfte, so gäbe es keinen Geist.

Als stufenbildende Kraft gilt bei Plato die Proportion, und zwar ist der Wirklichkeitsgrad einer Stufe zur nächsthöheren durch das Verhältnis des

Spiegelbildes zum wirklichen Gegenstand festgelegt. So findet man im „Staat"
Platos und später bei den Platonikern ganze Serien von Proportionen, etwa:

Sein : Werden = Intelligenz : Doxa = Wissenschaft : Pistis.

Sonne : Auge = Gott : Geist.

Man könnte das noch lange fortsetzen, aber wir wollen nun zwei aufein-
anderfolgende Stufen näher betrachten. Die höhere ist vollkommen immun
gegen die niedrigere. So ist in der Mathematik das mathematische Gebilde
invariant gegenüber seiner Darstellung in Theoremen; es gibt viele Gebiete,
die auf mehrere gänzlich verschiedene Weisen in Lehrsätze zerspalten sind.
Ferner ist das Kunstwerk impassibel gegenüber der Sinnlichkeit; die Kunstlehre der Platoniker ist daher das genaue Gegenteil der positivistischen,
wonach die Kunst gerade aus den Tiefen der Sinnlichkeit hervorgehen und,
für den gewöhnlichen Menschen unbewußte, Regungen, Stimmungen und
Gefühle hervorbringen soll.

Vom Licht sagt Goethe gelegentlich eines Besuches bei Hegel (Tag- und
Jahreshefte 1817): Und hierdurch war mir vollkommen gegönnt, das geheimnisvoll klare Licht, als die höchste Energie, ewig, einzig und unteilbar
zu betrachten.

Gott als die höchste Substanz ist absolut unqualifizierbar. Die Lehre
Dantes ist hier identisch mit der platonischen: Gott ist der unbewegte Beweger der Welt und dieses Bewegen affiziert ihn nicht. Die Physik bedarf
daher Gottes als ihrer ersten Hypothesis, nämlich um die Bewegung zu erhalten, ganz im Gegensatz wiederum zur positivistischen Wissenschaft.

Umgekehrt erhält die untere Stufe ihre Existenz erst von der oberen, gerade wie die Spiegelbilder nur kraft der spiegelnden Gegenstände existieren.
Die Ausdrücke für diese lebenspendende Wirkung heißen „strahlen",
„glänzen", „ordnen". Sie wird stets als etwas Geheimnisvolles angesehen;
Lagrange spricht in der Mathematik von der Metaphysik einer Theorie.
Goethe nennt die Farben den Abglanz des Lichtes und läßt ihnen das Leben
entsprechen, während das Licht Gott entspricht.

Man tut gut, sich das aristotelische Axiom gegenwärtig zu halten: Etwas
Potentielles kann nur aktuell werden durch etwas, das selber „actu" ist. Die
Bronze wird zur Statue nur durch die Idee, die aktuell im Geist des Künstlers
vorhanden ist. So ist die untere Stufe nur potentiell gegenüber der oberen,
letztere wieder nur potentiell gegenüber der nächsthöheren.

Die höhere Stufe ist nicht bloß die Summe der Teile in der unteren, das
Ganze ist etwas wesentlich Neues gegenüber den Teilen. Auch darf man die
Wirkung der oberen Stufe nicht bloß als eine bewertende ansehen, die uns
in der unteren Stufe, etwa in den mathematischen Sätzen, das Wichtige vom
Unwichtigen unterscheiden lehrt oder in der Kunst die schönen Verbindungen
von Tönen oder Linien von den nichtssagenden trennt. Denn es handelt

sich gar nicht um den Wert von *Sätzen* oder *Kunstwerken,* sondern um das *Gebilde,* um die *Schönheit selber,* die sich zwischen den Einzelheiten hindurch erstreckt. So etwas ist aber durch eine bloße Wertskala nicht erfaßbar. Wert ist eine Charakteristik, nicht die Sache selber. Um letztere handelt es sich aber in der oberen Stufe.

Es ist klar, daß eine solche Denkweise überall Allegorien ergibt: Die Farben sind Taten des Lichtes; wer sich mit ihnen befaßt, wird Einblick in das Licht bekommen, aber nicht direkt, sondern wie man durch eine Allegorie die Wirklichkeit ahnt. Und nicht nur kann die untere Stufe als Allegorie der oberen angesehen werden, sondern der Aufstieg von einer Stufe zur nächsten kann wieder als Allegorie für dieselbe Beziehung zwischen zwei anderen Stufen gelten. Überall ergeben sich Ähnlichkeiten, und dem Menschen, der über diese Dinge nachdenkt, eröffnen sich Einsichten in geheimnisvoll klare Zusammenhänge.

Wir müssen nun vor allen Dingen die Stellung des Menschen in diesem Reich kennenlernen und nachher den Raum herleiten, um damit vielleicht in das Wesen der Danteschen Kosmographie einzudringen.

Der menschlichen Seele sind nach idealistischer Lehre während ihres irdischen Daseins zwei Stufen normalerweise angewiesen: die sensitive und die intellektive, d. h. die Sinnlichkeit und der Verstand. Nach unten schließt sich die vegetative Stufe an, nach oben diejenige der Ideen oder Formen. Den Idealismus aller Zeiten kennzeichnet eine Beschreibung auch dieser beiden angrenzenden Stufen. Für die sensitive gilt das Tier als Repräsentant, besonders beliebt ist hier die Beschreibung der Gefühle einer Kuh, wenn sie auf eine grüne Weide kommt.

Ungleich wichtiger ist die obere Stufe der Ideen. Es gibt Wesen, die sich natürlicherweise dort befinden, nämlich die Dämonen oder, christlich gesprochen, die Engel. Sie bedürfen des diskursiven Verstandes nicht, haben daher keine Sprache und keine Theoreme, sondern sie sehen die Wirklichkeit ohne Umwege, von Angesicht zu Angesicht. Dante besteht energisch hierauf, und man darf darin keinesfalls eine mittelalterliche Seltsamkeit sehen. Die Ansicht, daß unser Denken eine Mangelhaftigkeit ist, die dem Menschen anhaftet, ist auch für Kant richtig, ja sie bildet eine der Grundvoraussetzungen seines Systems. Seltsam ist nur die Form, in der die Stufe beschrieben wird, nämlich als Zustand der Engel, nicht aber der Gedanke einer solchen Stufe. In einer durch Goethes Zitat berühmten Stelle sagt Kant:

„Wir können uns einen Verstand denken, der, weil er nicht, wie der unsrige diskursiv, sondern intuitiv ist, vom synthetisch Allgemeinen der Anschauung eines Ganzen (als eines solchen) zum Besonderen geht. Hierbei ist es gar nicht nötig zu beweisen, daß ein solcher intellectus archetypus möglich sei, sondern nur, daß wir (in der Dagegenhaltung unseres diskursiven, der Bilder bedürftigen Verstandes [intellectus ectypus], und der Zufälligkeit einer solchen Beschaffenheit), auf jene Idee eines intellectus archetypus geführt werden, diese auch keinen Widerspruch enthalte."

Wir sehen hier die deutliche Beschreibung der Engelsphäre, freilich in der für Kant so charakteristischen Einklammerung, die Goethe als echter Platoniker sogleich herausfühlt. Hiezu vergleiche man ferner Plotin, „Enneaden" IV, 3, 18.

Die wahre Aufgabe des Menschen im Leben ist der Aufstieg vom Sinnlichen ins Geistige. Wie das zugeht, hat Plato in einer für alle späteren Zeiten maßgebenden Weise im „Symposion" geschildert. In die obere Stufe, diejenige der Ideen, ist es dem Menschen nur gelegentlich vergönnt zu schauen. Plato bezeichnet diese Schau als eine Wiedererinnerung der Seele an einen früheren Zustand, wo die Seele in diesem Reich weilte. Das klassische Bild für eine derartige Offenbarung ist der Blitz. Dante verwendet es zweimal mit einem charakteristischen Unterschied: Das erste Mal, im Achten Himmel, heißt es: „Wie sich aus der Wolke das Feuer herauspreßt, so trat mein Geist vergrößert aus sich selber hervor." Hier wird der Blitz mit dem emporsteigenden menschlichen Geist verglichen. Eine solche Steigerung in sich ist auch für Goethe ein Urphänomen; durch sie erhalten die beiden Grundfarben gleichzeitig mit ihrer Sättigung den rötlichen Schein.

Das zweite Mal wird Dantes Geist von einem Blitz getroffen, nämlich als er das Geheimnis der Menschwerdung Christi auf einen Moment erschaut. Auch sonst wird auf das Überwältigende, Niederschmetternde einer plötzlichen wissenschaftlichen, künstlerischen oder religiösen Erleuchtung hingewiesen; so wird der Vergleich mit dem Blitzschlag von Gauß verwendet. Gewöhnlich spricht man nur von einem überspringenden Funken oder von einem Licht, das in uns aufgegangen ist. Allem gemeinsam ist die Tatsache, daß eine wissenschaftliche Entdeckung nicht vorschriftsmäßig nach einem Schema gemacht werden kann, sondern nur durch Überschreitung der Verstandessphäre. Natürlich kann die nachträgliche Beschreibung des Geschauten nur in der rationalen Stufe, sei es durch Sprache, durch Formeln oder durch Kunstformen geschehen.

Dieser Einblick in die Ideensphäre heißt Intuition, falls er aus der Verstandessphäre geschieht.

Kann man auch aus der Sinnenwelt, der sensitiven Stufe, direkt einen Einblick in die Ideenwelt bekommen, d. h. kann man auch ohne Theorie durch bloßes Fühlen und Empfinden ein Kunstwerk schaffen? Kann man auch ohne Dialektik Tugend erlangen? Plotin bejaht das, aber er bemerkt, daß es nur unvollkommen und unvollständig geschehen könne. Der technische Ausdruck für diese Form des Einblickes lautet: Instinkt. Kepler gibt der Erde einen Instinkt, durch den sie der geometrischen Aspekte der Gestirne ansichtig werden kann ohne Verstandesanwendung. Aber es handelt sich um eine niedrigere Erkenntnisform. Goethe spricht in der Farbenlehre von den Künstlern, die *nur* ihrem Instinkte folgen und dadurch das Höchste nicht erreichen können. Dieses bleibe vielmehr dem Genie vorbehalten, welches von seinen *Grundsätzen* durchdrungen ist.

Wenn der Mensch in der unteren sinnlichen Stufe stehenbleibt — Dante symbolisiert sie gelegentlich durch einen Wald (vom griechischen ὕλη, was gleichzeitig die Materie bedeutet) —, so verfällt er unrettbar der Hölle. Der richtige Standpunkt des Menschen ist die rationale Stufe, von der aus er das Sublunarische ordnen soll. Diese Menschenpflicht ist repräsentiert durch den Staat, den Dante in der Form der römischen Monarchie postuliert. In dieser ordnenden Funktion ist der Mensch ein Spirito operante. Natürlich ist dies nicht die höchste Funktion, sondern der Mensch muß sich auch der höheren Welt zuwenden. Diejenigen, welche dies stets tun, sind die Spiriti contemplanti.

Für den Positivismus existiert die rationale Stufe nur als ein im Grunde tautologischer Formalismus, während die schöpferische Kunst ihre ganze Nahrung aus der Sinnenwelt zieht. Der Künstler muß daher Instinkt haben, freilich nicht als überirdische Schau, sondern als tiefstes Empfinden sinnlicher Unterströmungen. Das Schlimmste, was er machen kann, wäre dagegen rationales Konstruieren. So wird also zwischen den Wissenschaften und den Künsten ein radikaler Unterschied gesetzt: letztere sind unendlich wertvoller als die ersteren. Das Dantesche Poem bekommt dadurch für den heutigen Leser ein buntscheckiges Aussehen; es wechseln herrliche poetische Schilderungen der Liebe, des Hasses, von Pineten und Fluren, mit den trockensten Erörterungen über scholastische Fragen und astronomische Details. Aber in der platonischen Philosophie existiert kein prinzipieller Unterschied zwischen Kunst und Wissenschaft. So sagt Goethe in längeren Ausführungen der Farbenlehre, wir müßten uns die Wissenschaft notwendig als Kunst denken, wenn wir von ihr irgendeine Art von Ganzheit erwarten, und zwar sollte sich die Wissenschaft in jedem einzelnen Behandelten ganz erweisen. Und Plotin, als er gegen die Gnostiker (Enn. II, 9, 16) den Wert der Sinnenwelt in Schutz nahm, sagte: Gibt es einen Musiker, der die geistigen Harmonien kennt und nicht bewegt wird beim Anhören der Harmonien in den sinnlichen Tönen, und gibt es einen Geometer oder Arithmetiker, der sich nicht freut, wenn er das symmetrische, proportionierte und geordnete mit den Augen erblickt?

Dies muß man sich vergegenwärtigen, wenn man die sonderbare Mischung von Inhalten in der „Göttlichen Komödie" verstehen will. Herz und Verstand erscheinen *uns* als getrennt, aber für den Idealismus gibt es diese beiden

46

Enden nur als abstrakte Extreme, in Wirklichkeit finden sie sich stets beisammen.

Für den damaligen Menschen sind das auch künstlerische Objekte: der Kosmos, der von Gottes Weisheit erbaut ist und dessen Plan in seiner ganzen wissenschaftlichen Vollkommenheit und Harmonie durch göttliche Gnade dem Dante Alighieri während eines langjährigen Studiums offenbart wurde; ferner die Syllogismen, durch welche wir die göttliche Gerechtigkeit ahnen können und die eben dadurch eine unsagbare Schönheit erhalten. „Wer das nicht fühlt", sagt Plotin, „wer nicht angesichts der Symmetrie und Ordnung von Erde und Himmel von frommem Schauer erfaßt wird und sagt: ‚Wie schön ist das, und wie schön muß ihr Ursprung sein‘, der hat weder die sinnlichen noch die geistigen Dinge verstanden." (Enn. II, 9, 16.)

Denn es handelt sich hier nicht um Abstraktionen, sondern um die eigentlichen Konstituenten der sichtbaren Welt, um die Überführung des Geistigen ins Räumliche. Hier liegt die größte Schwierigkeit und das wichtigste Problem der Philosophie. Für uns, soweit wir positivistisch denken, liegt nichts Merkwürdiges vor; denn da außerhalb von uns der absolute Raum existiert, in dem sich die Atome bewegen, so ist eine Ableitung desselben aus dem Geistigen sinnlos. Aber gerade die Existenz eines absoluten Raumes ist mit dem platonischen Idealismus oder Realismus gänzlich unverträglich. Die Körper sind abhängig von Realitäten höherer Art, und hier kommt die Hierarchie zum augenfälligsten Ausdruck. Wenn wir einen Rechtsgrund für die Danteschen Konstruktionen finden wollen, d. i. aber, wenn wir Dantes Naturphilosophie kennenlernen wollen, so müssen wir vor allen Dingen zusehen, wie sich die Verräumlichung des Geistigen vollzieht. Natürlich hängt das mit der Stufenbildung und der Proportion zusammen, aber als distanzsetzende Kraft erhält sie die Form des Kreises mit Zentrum. Plotin verwendet sie meist zur Darstellung der Stufenbeziehung. Der Mittelpunkt, als Repräsentant der höheren Stufe, strahlt nach der Peripherie, der niedrigeren Stufe. Im Christentum ist die oberste Substanz selber eine Dreieinigkeit; Gott ist das Zentrum, Christus ist die Peripherie und der Heilige Geist ist der Inbegriff der Strahlen, welche nach der Danteschen Terminologie sowohl von dem Zentrum als von der Peripherie gehaucht werden; denn hier ist natürlich von einer Minderwertigkeit der Peripherie nicht die Rede.

Dante hat durch diesen Begriff den ganzen Kosmos entstehen lassen. Zuoberst steht das Urbild: das göttliche Zentrum bestrahlt neun konzentrische Engelkreise. Von diesen erfüllt sich der innerste am meisten mit den Strahlen, der äußerste und größte am schwächsten. Hier ist das Räumliche noch rein intelligibel gedacht. Aber diese neun Kreise spannen den Raum unserer Welt auf, und zwar der innerste, energiereichste, die äußerste und größte Sphäre, das Primum mobile, den neunten Himmel. Dann geht es nach außen bei den Engeln, nach innen im Raum, bis der äußerste, schwächste Engelkreis die innerste Sphäre des Mondes aufspannt.

Die Erdoberfläche ist für die Formen geschaffen, welche von den neun Sphären geprägt werden; sie steht also um eine Stufe niedriger als die Sterne. Ihre Belebung geschieht folgendermaßen: Die göttliche Liebe, „l'amor che muove il sol e le altre stelle", strahlt zuerst in das Primum mobile und versetzt es in Rotation. Hierauf setzt sich diese bewegende Kraft als Geschwindigkeitsfeld nach unten zu fort, von Planet zu Planet, und erhält eine bestimmte Prägung, die von der Konstellation abhängt. Vom Mond aus gelangt sie zur Erde, bewirkt aber hier keine Rotation mehr, sondern sie begibt sich als treibende Formkraft in die materiellen Samen und Keime und verleiht ihnen die Aufspannungs- und Entwicklungsproportionen. Diese Strahlung darf nicht mit dem Licht verwechselt werden. Das Licht geht von den Sternen direkt zur Erde, während die Formstrahlen von Sphäre zu Sphäre weiter nach der Erde zu gehen. Erst vom Mond aus gehen die beiden Sorten zusammen, und Dante erklärt die Mondflecken dadurch, daß das an sich reine weiße Licht des Mondes durch die mitgehenden Formstrahlen verschieden qualifiziert wird. Sieht man den Mond von der anderen Seite her, etwa vom Fixsternhimmel, so erscheint er weiß, weil nur die Lichtstrahlen nach dieser Seite laufen. Kepler findet als inneren Unterschied zwischen den beiden Strahlensorten folgenden: das Licht wirkt räumlich und zeitlos, die Formkraft im Keim wirkt raumlos und zeitlich.

Die Formstrahlen bewirken nur die Gestalt und das Wachstum des Körpers; im Moment, wo im Embryo des Menschen das Gehirn vollendet ist, haucht Gott direkt, ohne Durchgang durch die Planeten, dem Körper eine Seele ein. Daher ist die Seele eine Stufe höher als der Körper. Aber sie ist doch dem Körper in gewissem Sinne angepaßt. Denn nach Dantes Vermutung oder vielmehr Überzeugung enthält jeder Körper den Einfluß eines bestimmten Gestirnes in besonderem Maße, und die Seele wird nach dem Tod, falls sie ins Paradies gelangt, gerade in den Himmel dieses Sternes kommen. Das soll nicht so verstanden werden, daß die Seele von diesem Planeten herkommt, aber sie ist von vorneherein einem solchen Körper eingehaucht worden, der ihr kraft ihrer Beschaffenheit zukommt. Hier kommt der Gegensatz der Prädestination und des freien Willens besonders scharf zur Geltung. Dante bezeichnet diese Schwierigkeit als unlösbar für Menschen und Engel.

Dasselbe Schema des Zentrums und der umgebenden konzentrischen Kreise hat Dante noch zweimal angewendet, und hierin liegt seine Leistung als Kosmograph. Durch den Engelsturz mußten noch die beiden Reiche des Fegefeuers und der Hölle geschaffen werden, und daß es ihm gelang, auch diese nach demselben Urbild aufzubauen, konnte in ihm wohl die Überzeugung wecken, daß er das wahre Weltbild gefunden habe. Übrigens ist sich Dante wohl über die räumlichen Verhältnisse nicht überall klar gewesen. Insbesondere in der Nähe des Erdmittelpunktes will nichts mehr stimmen, wenn man streng geometrisch vorgeht. Alle Indizien weisen darauf hin, daß Dante mit einer ebenen Skizze von neun konzentrischen Kreisringen gearbeitet hat, die für alle drei Reiche genügte. Wenn er mehr Einteilungen brauchte, so brachte er Unterstufen an; nur im Himmel ist die Neunzahl streng aufrechterhalten, wenn man von dem seltsamen Aufenthalt unterhalb des Mondes absieht, der im ersten Gesang des Paradieses vorkommt und vielleicht auch einer unvollendeten Redaktion entspringt.

Natürlich entspricht dieser geometrischen Ordnung der beiden Reiche auch eine geometrische Ordnung des sittlichen Reiches, und so offenbart sich die göttliche Gerechtigkeit nach demselben Schema, das den Raum aufspannt.

So finden wir das Wesen des Raumes in folgendem: er existiert außerhalb von uns, ist also nicht bloß eine Form unserer Anschauung; aber er existiert nur kraft höherer Realitäten, nämlich der Engel und Gottes. Daß er ewig dauert, ist eine Folge des christlichen Dogmas von der Auferstehung des Leibes. Denn auch ein verklärter Leib erfordert einen Raum. Die Seelen erscheinen in der Hölle und im Fegefeuer räumlich, trotzdem sie einstweilen noch keinen Leib haben. Nämlich die Ratio seminalis, welche ihren Leib zu Lebzeiten proportioniert hat, existiert noch in ihnen, bereit, den verklärten Leib aufzunehmen, und dadurch wird bewirkt, daß die Sonne ihre Reflexe von ihnen aussendet, trotzdem ihre Strahlen ungehindert durchgehen; gerade so sehen wir den Regenbogen, meint Dante, trotzdem er auf die dahinter liegende Landschaft keinen Schatten wirft.

Nach diesem Versuch, den wissenschaftlichen Charakter der Danteschen Konstruktionen zu retten, möchte ich noch nachweisen, daß auch einige der wichtigsten Erscheinungen im oberen Teil des Paradieses sich schon in der antiken Philosophie finden. So entspricht dem Triumphzug Christi im Zodiakus der Triumphzug des Zeus an derselben Stelle, den Plato im Phädrus 246 beschreibt; er wird bei den Neuplatonikern häufig zitiert. — Eine besonders interessante Geschichte haben die singenden Engelkreise im Neunten Himmel. Zunächst ist der Neunte Himmel als Ort der Urbilder schon bei Plato erwähnt (Phädrus 247), ferner bei Damascius (§ 211 in der Übersetzung von Chaignet). Die konzentrischen Kreise finden sich zuerst bei Plato in der Beschreibung des Planetariums am Schluß der „Republik". Es bestand aus Schalen, die in Rotation versetzt wurden, wobei Sirenen (Vögel?) den Gesang der Sphären hervorbrachten. Ähnliche Instrumente wurden Jynges genannt (Damascius § 213), d. h. Wendehälse, wahrscheinlich wegen der Ähnlichkeit mit folgendem Liebeszauber: man band einen Wendehals in ein Rad und versetzte es in Rotation; das Geschrei des Vogels sollte magische Wirkung haben. Mit demselben Namen Jynx werden hohe Wesenheiten (bei Damascius die erste Triade der „Intelligiblen und Intellektuellen") bezeichnet, offenbar, weil sie die Urbilder der kosmischen Kreise sind; sie entsprechen den Engelkreisen des Dionysius Areopagita, eines Zeitgenossen von Damascius und christlichen Neuplatonikers. Dieser ist aber die Quelle für Dantes Engellehre.

Auch die Lehre von dem Entsprechen der geistigen Kraft und der räumlichen Ausdehnung findet sich schon bei Plotin, so daß Dante zu Unrecht sagt, vor ihm habe sich noch niemand an diesem Knoten versucht. In den „Enneaden" II, 9, 17, heißt es: „Er sieht die intelligible Kugel, welche in sich die Form des Kosmos enthält, und die Seelen, welche ranggemäß Größe ohne Körperlichkeit erteilen und sie gemäß dem intelligiblen Modell zur räumlichen Ausdehnung bringen dergestalt, daß die Größe des Erzeugten mit der größelosen Kraft des Modelles übereinstimmt; denn was im Intelligiblen groß an Kraft ist, entspricht im Diesseits dem räumlich Großen." Freilich ist die Inversion hier noch nicht erwähnt; sie dürfte Dantes Eigentum sein und stellt eine höchst bedeutsame Lösung des Problemes vom Raum-Ende dar. Zur selben Zeit wie Dante hat Duns Scotus eine andere Lösung vorgeschlagen. In den „Quaestiones in octo libros Physicorum Aristotelis" steht zu Lib. IV (Opera Bd. 3, S. 62, Paris, Vivès 1891): „Nona sphaera imaginatur dividi in duas medietates et exterior medietas in duas alias et sic in infinitum; tunc in ista divisione nulla est ultima; igitur quaelibet sphaera infra aliam continebitur." Diese Lösung ist zwar subtil, aber matt gegenüber derjenigen Dantes.

Die Verwandlung des geradlinigen Stromes in den kreisförmigen See folgt dem allgemeinen Platonischen Gesetz, daß die Gerade dem Materiellen, der Kreis dem Geistigen zukommt, worüber im Kommentar des Proklus zu Euklid ausführlich gehandelt wird. Schließlich läßt sich die Himmelsrose mit dem für Gott oder das höchste Intelligible gebräuchlichen Wort „Blume des Geistes" zusammenbringen (vgl. z. B. Proklus in Crat., S. 66). Nach alledem wird man bei der Aufsuchung zeitgenössischer Quellen für Dante Vorsicht üben. Die Wahrscheinlichkeit, daß es sich um griechisches Gut handelt, ist groß, und die Schriften, aus denen Dante sie geschöpft hat, können alt sein.

Über die Weltanschauung, die der „Divina Commedia" zugrunde liegen, seien mir noch folgende Bemerkungen gestattet: Daß im geistigen Gebiet der Platonismus Erfolge aufzuweisen hat, ist eigentlich nie bestritten worden. Insbesondere kann man ihn meines Erachtens für die Mathematik nicht entbehren. Denn wenn es bei uns nur auf die logische Verkettung von

Axiomen ankäme, so wäre unsere Wissenschaft in der Tat nur tautologisch; jeder Formalismus wäre damit gerechtfertigt, und es gäbe keinen Unterschied zwischen tiefen und oberflächlichen Arbeiten. Hier muß man eine höhere Sphäre, welche die eigentlichen mathematischen Gebilde enthält, annehmen. Wir sprechen ja auch stets so, wenn wir etwa sagen, der und der habe diesen Sachverhalt zuerst entdeckt. Entdecken kann man nur etwas, was schon da ist. Für Plato ist denn auch das Mathematische der eigentliche Rechtsgrund zur Existenz der Ideen gewesen, und er hat mit Recht die Hierarchie auf mathematische Begriffe gegründet. Im religiösen Gebiet stoßen wir auf ähnliche Stufenbildungen bei dem paulinischen Begriff des Lebens unter dem Gesetz und unter der Freiheit. Dagegen ist nicht zu leugnen, daß je mehr man ins Empirische geht, um so mehr der Positivismus triumphiert. Es mangelt dem Idealismus der Respekt vor der empirischen Tatsache. So phantasiert Dante hemmungslos den Berg des Purgatoriums an eine Stelle, wo ein gewöhnlicher, von Menschen bewohnter Erdteil sich befindet. Und hören wir, wie er die Entstehung der Vegetation in der Wüste erklärt: Im irdischen Paradies weht ein kräftiger Ostwind, der davon herrührt, daß die Luft schon an der Himmelsbewegung teilnimmt, während die Erde ruht; er trägt die Samen von den Paradiesbäumen fort und bringt sie auf die Erdoberfläche. Heute weiß man, daß die Vogelexkremente diese Wirkung ausüben.

Mir scheint, daß die Kluft zwischen den beiden Weltanschauungen nicht überbrückt ist, daß nach wie vor im Geschichtlichen und Naturwissenschaftlichen der Positivismus, im Geistigen dagegen der Platonismus die Sachverhalte beschreibt. Das sollte in der triadischen Einteilung, die ich im ersten Abschnitt versuchte, zum Ausdruck gebracht werden. Insbesondere sollte der Kunst wieder der Primat über das Sinnliche zurückgegeben werden, etwa im Sinne des Leibnizschen Satzes: „A mesure que les esprits dominent dans la matière, ils y produisent des ordonnances merveilleuses." Dies ist wohl auch Dantes Ansicht; denn wenn für ihn das Sinnliche Schöpferkraft hätte, so gehörten edle Liebende, wie Francesca und Paolo, nicht in die Hölle.

Wir wollen nun zusehen, wie sich die „Göttliche Komödie" ausnimmt, wenn man versucht, sie wörtlich zu nehmen. Ich beschränke mich dabei auf einige besonders hervortretende Partien, namentlich im Paradies. Einen stichhaltigen Beweis, daß die allegorische Deutung verfehlt ist, kann ich freilich nicht erbringen. Schon der erste Kommentator, Jacopo della Lana, hat sich ihrer bedient und damit die spätere Danteforschung beeinflußt. Aber dieser bedeutende Gelehrte wollte den Italienern vom Jahre 1330 das unerhört wilde Werk genießbar machen, und dazu mußte er auf Abschwächung bedacht sein. Hierfür leistet die allegorische Deutung unentbehrliche Dienste. Sie gestattet die Entfernung aller Schärfen und gleichzeitig die Beibehaltung der Poesie. So schreibt er am Schluß der Einleitung zum 22. Gesang des Paradieses (Ausgabe von L. Scarabelli, Bd. 3, S. 330) zur Rettung des Gebetes an die Zwillinge: „Or è da sapere che l'autore fae invocazione al detto segno..., la quale se al senso litterale si tollese, serebbe d'idolatria,... ma è da tôrre per allegoria." Und in der Anmerkung steht: „è allegoria lo celestiale padre, lo quale come a lui piace trionfa con la sua famiglia eletta alla sua gloria." Hier wird ein unzweifelhaft heidnischer Zug bei Dante ins Christliche umgedeutet und der Sinn der Stelle vielleicht unbewußt verfälscht. Das Gebet hat seine wohlbestimmte Funktion im Zusammenhang des Ganzen, und man darf seinen Sinn nicht zu einem nebelhaften Gefühl verdampfen. Nur eine präzise Interpretation vermag Dante gerecht zu werden, und hierzu hat Voßler in seinem wunderbaren Werk über die „Göttliche Komödie" den Weg gewiesen.

Eine Fiktion ist freilich durch das ganze Werk hindurch festgehalten, nämlich daß es sich um eine mehrtägige Reise handelt, die am Karfreitag des Jahres 1300 angetreten wurde. Dieses poetische Hilfsmittel hat Dante vielleicht aus der Äneis übernommen, es ist für die poetische Wirkung ausschlaggebend. Andernfalls wäre er gezwungen gewesen, den Stoff etwa wie Lukrez abzuhandeln, und das Gedicht hätte seine dichterische Kraft verloren.

Die hundert Gesänge verteilen sich zu je dreiunddreißig auf die drei Reiche der Hölle, des Fegefeuers und des Paradieses, während der erste keinen Ewigkeitswert beschreibt, sondern in allegorischer Form autobiographische Mitteilungen über die Entstehung des Werkes gibt. Demnach befand sich Dante zuerst auf dem richtigen Weg, d. h. er hatte schon Vorarbeiten zur „Göttlichen Komödie" ausgeführt. Darüber berichtet schon die „Vita nuova"; es handelte sich um eine Verherrlichung der Beatrice sowohl vor den Verdammten in der Hölle als vor den Seligen im Paradies. Aber Dante kam von diesem richtigen Weg ab aus Gründen, die ihm selber unklar blieben, und verirrte sich in einem wilden Wald. Das bedeutet einen ungeistigen Zustand irgendwelcher Art. Endlich sieht er einen Berg, und er gelangt an den Waldesrand. Dort ruht er aus, überblickt die verzweifelte Lage, aus der er befreit ist, dann geht er ein Stück weit ohne Steigung am Fuß des Berges entlang (Inf. I, 30); man soll wissen, daß die Besteigung des Berges wohlvorbereitet war. Erst nach einiger Zeit beginnt er den Anstieg, und er gelangt ziemlich hoch hinauf, freilich aufs peinlichste gehindert durch drei wilde Tiere. Endlich wird er von der Wölfin zurückgedrängt und flieht immer rascher, zuletzt beinahe fallend, in den Wald zurück. Er ist in einem furchtbaren Zustand; da sieht er Virgil, und er ist gerettet. Aus allem Detail wird klar, daß es sich bei der Bergbesteigung um die politische Tätigkeit Dantes und um ihr vollständiges Fiasko handelt. Virgil

52

prophezeit ihm, daß die Wölfin dereinst verjagt werde; er verwendet hierbei das geheimnisvolle Reimorakel (veltro, peltro, feltro), eine Form, die sehr häufig in der „Divina Commedia" vorkommt, sobald es sich um sublunarische Ereignisse handelt, und die dem Auslegungsbedürfnis vielen Stoff bietet. Auch Nostradamus hat seine Prophezeiungen durchwegs in dieser Form vorgebracht.

Hiermit schließt das Vorspiel, und wir gelangen zum eigentlichen Gegenstand. Vor allen Dingen braucht der Dichter die Legitimation zu seinem Unternehmen. Virgil verkündet ihm, die Himmelskönigin selber habe sich um ihn bemüht und Beatrice ausgesandt, um Virgil zu bitten, Dante zu helfen. Er werde durch alle drei Reiche hindurchkommen. Dante verfehlt nicht zu bemerken, daß er demnach höher als sogar der Apostel Paulus steigen werde, der nur bis zum dritten Himmel der Venus kam.

Virgil und Dante gelangen nun durch das Höllentor zum ersten Kreis und hierauf zu einer Art von Paradiessurrogat, das den edlen Heiden reserviert ist. Es ist immerhin recht düster, und Plato würde keine Freude daran haben, wenn er sich wirklich dort und nicht in dem von ihm selbst beschriebenen echten Paradies befände. Hier folgt die Legitimation als Dichter: Selbst Homer erkennt Dante als seinesgleichen an. Der Leser kann also beruhigt sein: soviel die menschliche Sprache von diesen ewigen Dingen ausdrücken kann, soviel wird er erfahren.

Nun erst beginnt die eigentliche Hölle, aus der es keine Erlösung mehr gibt. Von den Liebessünden geht es zu den schweren Sünden weiter, zu den Unmäßigen im Essen und Trinken, den Geizigen und Verschwendern, den Zornigen. Die Stimmung wird immer düsterer, und wir werden mehr und mehr darauf vorbereitet, daß es auch droben auf der Erde schlimm bestellt ist. Fünf Kreise sind schon durchwandert; die tieferen sind durch eine Mauer von ihnen getrennt, und an dem Tor, an das die Wanderer gelangen, spielt sich ein Drama ab, das von Dante ausdrücklich als ein symbolisches bezeichnet wird. Es erscheinen auf den Zinnen Teufel, welche die Ankommenden abwehren wollen; sie drohen, Gorgo herbeizuführen, deren Anblick die Menschen versteinert. Virgil ist ratlos; da erscheint ein Bote aus dem Himmel, öffnet stillschweigend das Tor, und Dante tritt in das Gebiet der Ketzer ein, d. h. der Epikuräer oder Positivisten, wie wir heute sagen würden. Der Sinn des Ganzen ist von unserem Standpunkt aus leicht: Dante warnt den Leser vor der Beschäftigung mit ketzerischen Gedanken, da sie eine erstarrende Wirkung ausüben, und weist darauf hin, daß ihm nur durch einen besonderen göttlichen Permeß der Eintritt ohne Schaden zu nehmen gestattet wurde.

Seine eigentlichen Absichten werden im Weitergehen immer deutlicher. Vor allen Dingen werden die letzten Päpste auf das grausamste hergenommen. Mit schonungslosem Spott, als ob es sich um Menschen handelte, bei denen kein Mitgefühl denkbar ist, wird ihre Lage in der Hölle geschildert. Aber auch die italienische Städte, allen voran Florenz, erhalten vernichtende Urteile.

Als großes Gegenspiel zur Liebe von Francesca und Paola im zweiten Kreis folgt in der tiefsten Hölle der Haß des Ugolino gegen Ruggiero. Hieß es dort: „Liebe will Liebe von uns haben, und mich ergriff sie, diesem hier zuliebe, so tief, sieh her, daß ich sie immer hege", so heißt es jetzt von Ugolino, der den Ruggiero verzehrt: „Nun schwieg er, rollte seine Augen und packte den armen Schädel mit den Zähnen. Hart biß er auf den Knochen wie ein Hund."

Das ganzeWerk ist angefüllt mit solchen offenkundigen Entsprechungen und Repetitionen. Manchem erscheinen diese Symmetrien zu deutlich, wie in einer Gartenanlage von Le Nôtre, und er empfindet eine gewisse Verstimmung.

Die Wanderer gelangen zum Erdmittelpunkt und wenden sich nach der andern Seite. Die räumlichen Verhältnisse sind hier, wie schon bemerkt, falsch geschildert.

Im Purgatorium erhalten wir klare Auskunft über den wahren Zustand der Erde. Schon vor dem eigentlichen Portal weilt Rudolf von Habsburg. Er ist nicht in der Hölle, weil Dante die wahre Schuld an den irdischen Zuständen den Päpsten, nicht den römischen Kaisern zuschiebt. Letztere haben nur für ihre Trägheit zu büßen.

Nachdem die sieben Galerien des Purgatoriums und die Flammen des siebten Kreises durchschritten sind, gelangt Dante ins irdische Paradies.

Jetzt erscheint der große Triumphzug mit Beatrice, als Vertreterin der christlichen Kirche. Auch hier handelt es sich, wie Dante ausdrücklich bemerkt, um ein sinnbildliches Schauspiel, nicht um eine Wirklichkeit. Die Allegorie ist nicht sehr erfreulich; so findet sich ein dreiäugiges Mädchen unter den Mitwirkenden, als Sinnbild einer Tugend mit drei Unterabteilungen. Nachdem Beatrice ihren Schützling gescholten hat, wird ihm in einem großen Drama die Geschichte der christlichen Kirche vorgeführt. Die apokalyptische Hure hat sich des Wagens bemächtigt, er wird weggeschleppt usw. Die Anspielungen sind deutlich, in der Terminologie findet sich schon das ganze Arsenal der Schimpfwörter aus der späteren Zeit der Religionskämpfe. Wir erfahren nun, daß die Kirche seit mehreren Jahrzehnten gänzlich zerrüttet ist: „Früher hatte Rom zwei Sonnen, jetzt hat die eine die andere ausgelöscht. Schwert und Hirtenstab sind vereint, und darum versinkt die römische Kirche in Schlamm und besudelt die Last." Dies ist das Leitmotiv des ganzen Dramas. Dante wird feierlich aufgefordert, sich alles wohl einzuprägen und nach seiner Rückkehr es aufzuschreiben.

Nach dem Bad in der Lethe und Eunoe ist er rein und bereit zum Aufstieg nach den Sternen. Er blickt fest in die Sonne, dann in die Augen Beatricens und erhebt sich mit ihr in die Welt der Sterne.

Seine Läuterung ist so weit vorgeschritten, daß er fähig ist, die volle Wahrheit zu erfahren. Man muß schon etwas von astrologischer Stimmung gespürt haben, um die Reise durch die Planeten innerlich mitmachen zu können und die Schauer zu empfinden, wenn Dante auf diese mächtigen Himmelskörper gelangt. In der Sonne berichtet Thomas von Aquino über Franziskus von Assisi und seinen in früheren Zeiten so edlen Orden, dagegen wird der heutige Zustand der Dominikaner verdammt. Hierauf schildert der heilige Bonaventura entsprechend das Leben des heiligen Dominikus und tadelt den Zustand der heutigen Franziskaner. Später, im Himmel des Saturns, wird Pietro Damiano ebenso den Kontrast der ursprünglichen Benediktiner mit den heutigen ins Licht stellen. Wir erfahren immer mehr, daß die Erde in den letzten hundert Jahren rapid dem Verderben zugeeilt ist und jetzt am Rand des Abgrundes steht. Der Grund dafür ist, daß es keinen römischen Kaiser gibt, der die sublunarischen Verhältnisse ordnet. Wir sollen anfangen zu ahnen, daß Dante der vom Himmel auserwählte Prophet ist, welcher der Welt die Gefahr anzeigen soll, und daß ihm darum die ganze Beschaffenheit des Universums offenbart wird. Aber noch sind wir nicht so weit. Bis zu Jupiter, dem Sitz der Könige, sieht er aktive Geister, Spiriti operanti, also gewissermaßen das Personal der Menschheit; jetzt gilt es, zu den Chefs emporzusteigen, den kontemplativen Geistern. Und da passiert das Beunruhigende, daß im Saturn die Geister nicht mehr lächeln und nicht mehr singen, aus Rücksicht für Dante, weil er das nicht auszuhalten fähig wäre. Man muß befürchten, daß das Unternehmen in letzter Stunde doch noch mißlingt. So richtet sich nun die ganze Erwartung auf den Achten Himmel der Fixsterne, den höchsten, auf dem sich Seelen befinden. Der Flug gelangt zu Dantes Sternbild, den Zwillingen, und nun folgt das inbrünstige Gebet: „Ihr gloriosen Sterne, euch verdanke ich alle meine Veranlagungen, was es auch sei. Nun seufzt meine Seele fromm zu euch, um Kraft zu erlangen zum großen Schritt." Dieses seltsame Gebet an Sterne eröffnet uns, daß Dante hier seinen rechtmäßigen Sitz im ewigen Leben erkennt, im Kreis der Apostel.

Und die Sterne erhören sein Gebet. Nachdem er nach unten geblickt und die Planeten sowie die Erde gesehen, erscheint ihm der Triumphzug Christi. Da tritt sein Geist aus sich selber hervor, wie das Feuer aus den Wolken, und von da an schreitet Dante von Triumph zu Triumph. Zunächst wird er von den drei Aposteln Petrus, Jakobus und Johannes in den drei Gebieten Glaube, Hoffnung und Liebe geprüft. Er besteht das Examen zur hellen Begeisterung der Prüfenden und der assistierenden Seligen. Nur die eine Frage, nach dem Grade seiner Hoffnung, wird von Beatrice beantwortet; denn da es sich um eine *begründete* Hoffnung handelt, so könnte ihm eine Antwort als Dünkel ausgelegt werden. Beatrice stellt also ihren Schützling in dieser Weise vor: „Die christliche Kirche hat keinen Sohn, der mit Hoffnung mehr begabt ist (d. h. der würdiger ist), wie wir alle in Gott lesen können. Darum ist ihm vergönnt worden, das Paradies zu schauen, bevor er stirbt.“

Hiermit ist Dante in die Schar der Spiriti trionfanti aufgenommen. Und nun geschieht das große Ereignis: der Himmel verdunkelt sich wie zur Zeit des Todes Christi; es ist ein welthistorischer Moment höchsten Ranges, und Petrus hält seine große Strafrede auf das Papsttum. Ich will sie hier nicht wiedergeben. Am Schluß wird Dante feierlich aufgefordert, dies zu verkünden, wenn er auf die Erde zurückgekehrt ist. Hierauf wirbeln alle Geister wie im Schneesturm nach oben, und Dante blickt noch einmal auf die Erde hinunter; dann wird er in den obersten, Neunten Himmel versetzt.

Die sechs Gesänge, welche diese Ereignisse auf den Zwillingen schildern, bilden zweifellos den Kern der ganzen „Divina Commedia“. Wenn ihre Wirkung im allgemeinen ausbleibt, so liegt das nicht nur in der üblichen allegorischen Deutung, die hier allerdings nichts zu sagen hat, sondern es dürfte auch die Trockenheit des Examenmotives daran mit Schuld tragen. Man gewinnt den Eindruck, daß es Dante an der demütigen Frömmigkeit gefehlt hat. Er ist wohl rechtgläubig, aber man vermißt unmittelbare religiöse Gefühle. Darum wirken seine Ausführungen trocken und schulmäßig. Hierin dürfte auch der Grund liegen, daß seine prophetische Sendung nicht recht gewirkt hat. Der Zustand der Kirche bildete bekanntlich noch zwei Jahrhunderte lang, bis zur Zeit des Erasmus von Rotterdam, die große Sorge aller ernstdenkenden Menschen. Und niemand wird leugnen, daß Dante in den Vorwürfen, die er Petrus in den Mund legt, tatsächlich auf eine Frage von weltgeschichtlicher Bedeutung gekommen ist. Aber kaum je ist auf den Konzilen und sonst Dantes gedacht worden als des großen Vorkämpfers. Dante ist nicht als Prophet, sondern als Dichter zu Weltruhm gekommen.

Der Aufstieg zum Neunten Himmel verschafft ihm den Anblick der neun Engelkreise, von denen ich schon früher gesprochen habe. Und jetzt gelangt er an das Ende des Raumes, da wo er von der göttlichen Kraft in Rotation gehalten wird. „Ich sah ein Licht in Form eines Flusses, strahlend von Blitzen, zwischen zwei Ufern, die in der Farbenpracht des Frühlings prangten. Aus diesem Wasser stiegen rasche Funken empor und legten sich in die Blumen gleich Rubinen, welche von Gold eingefaßt sind. Dann, als seien sie vom Dufte berauscht, tauchten sie wieder zurück in den wunderbaren Strudel."

Beatrice fordert nun Dante auf, in den Fluß einzutauchen. Denn „der Fluß und die Topase und das Lachen der Au sind nur schattentragende Voraussagungen ihrer Wahrheit." Hier ist wohl die schönste Formulierung der Beziehung einer Stufe zur nächsthöheren gefunden. Sie gibt mit größter Genauigkeit das Verhältnis der Farben zum Lichte wieder, wie es von Goethe aufgefaßt wurde: die Farben sind „Ombriferi prefazii di lor vero", nämlich des Lichtes.

Nun geht eine sublime Transformation vor sich; der reißende Strom wird zum spiegelglatten ungeheuren Lichtsee. Dante ist ins Jenseits eingetreten. In dieser Weise vollendet Dante das platonische Weltbild, das in der Schrift „Über den Himmel" durch Aristoteles uns erhalten ist, gerade an der bedeutendsten Stelle, nämlich da, wo es im unbewegten Beweger ruht. Und diese Krönung des Werkes ist Dante in glücklicher Weise gelungen. Nirgends wohl ist ein höherer Gegenstand erhabener geschildert worden, wie das Jenseits in diesen Versen des 30. Gesanges. Dante ist hier wirklich ein Spirito trionfante.

„Und wie ein Abhang sich im Wasser zu seinen Füßen spiegelt, gleichsam um sich an seinem eigenen Anblick zu ergötzen zur Zeit, wo er im höchsten Schmuck der Blätter und Blüten steht, so sah ich ringsum auf mehr als tausend Stufen, die vom Ufer anstiegen, im Lichtsee sich spiegeln alle, die von der Erde unten heimgekehrt sind."

Dieselben Seelen, die Dante schon in den Sternen getroffen hat, sieht er jetzt in ihrer wahren Wirklichkeit, unsere Raumeswelt ist nur ein Spiegelbild im Lichtsee. In Form einer weißen Rose erscheint ihm das Jenseits; gemeint ist eine ungefüllte Rose nach Art einer Seerose mit dem sichtbaren gelben Grund, deren Blätter oben sich wieder gegeneinander neigen.

Von allen Aspekten des ganzen Werkes beleuchtet, beginnt der letzte Gesang mit einem Gebet an die Jungfrau Maria. Aber die perfekten Verse verhüllen nur ungenügend den Mangel an unmittelbarem naivem Empfinden. Man möchte mit Alceste statt der kunstreichen Syllogismen ein einfaches mittelalterliches Marienlied an dieser Stelle hören. Dieser fromme Ton ist Dante versagt geblieben.

Er ist nun auch fähig, das höchste Licht anzublicken, und sieht drei konzentrische Kreise als Erscheinung der Trinität. Noch bleibt das höchste Geheimnis, die Quadratur des Zirkels, nämlich die Menschwerdung Christi. Da trifft ihn ein Blitz, und er ist für einen Moment auch dieser Erkenntnis teilhaftig. Dann aber wird durch die göttliche Kraft seine Menschennatur wieder in Umschwung versetzt, und die Reise hat ihr glückliches Ende auf Erden erlangt.

Nun sei es mir noch gestattet, in der Art der Dantisten zu spintisieren, *wo* sich Dante seinen Sitz in dieser erlauchten Gesellschaft gedacht haben mag. Wir sehen in der höchsten Reihe Maria, rechts neben ihr Petrus und Johannes, unter ihr Eva, die schönste Frau, und unter dieser wiederum Rahel in der dritten Reihe; zu ihrer Rechten sitzt Beatrice. Man merkt, daß von dem Platz neben Eva nicht die Rede ist. Und diese Stelle wird sich wohl Dante ausersehen haben, in nächster Nähe der Maria, neben Eva und oberhalb seiner Beatrice, die ihn emporgezogen hat. Dies dürfte ziemlich genau der Stellung entsprechen, die sich Dante innerhalb der christlichen Kirche vindiziert.

PROKLUS DIADOCHUS ÜBER DIE MATHEMATIK

Die neuplatonische Schule ist die Erbin der älteren griechischen Philosophie geworden. In ihr strömen alle Lehren zusammen, und ihre Kritik und Auslese ist auf über tausend Jahre maßgebend geblieben. Der eigentliche Begründer der Schule ist Plotin aus Assiut in Ägypten. Er lehrte um 250 n. Chr. in Rom. Seine Schriften gehören heute noch zum Aktuellsten, was man in der Philosophie studieren kann, weil er häufig gerade diejenigen Einwände berücksichtigt, welche man auf Grund einer positivistischen Anschauung geltend machen könnte. Am Ende der Schule, im Besitz der gewaltigen, von ihr erarbeiteten Erkenntnisse, steht Proklus, einer der letzten großen Philosophen des Altertums. Man verdankt ihm einen umfangreichen Kommentar zum ersten Buch der „Elemente" Euklids; seine Vorrede ist eine tief durchdachte Darlegung über das Wesen und die Kräfte der Mathematik. Wir haben hier den am meisten vorgeschobenen Posten mathematischer Philosophie; deshalb möchte ich einen Überblick über den Inhalt geben.

Die mathematische Wissenschaft nimmt nach Proklus eine mittlere Stellung zwischen dem Geist und der sinnlichen Wahrnehmung ein. Im Geist sind die Formen einfach, während die mathematische Behandlung durch den diskursiven Charakter gekennzeichnet ist. So werden in den „Elementen" von Euklid die regulären Körper in einer langen Reihe von Theoremen untersucht, und das Vorgehen ist ein schrittweises. Es ist der Verstand (Dianoia), der dieses leistet; er entfaltet und enteint die mathematischen Ideen, wenn er sie im Geiste findet, und umgekehrt faßt er das durch ihn getrennte wieder zusammen und führt es zum Geist zurück. Hierdurch kann er den vielgestaltigen Gedanken der Seele gerecht werden.

Während der Geist nach Platon durch die Eins gekennzeichnet ist, wird das Mathematische durch die Zweiheit des Begrenzten und Unbegrenzten (Peras und Apeiron) hervorgebracht. Die Leistung des Unbegrenzten ist eine vorwärtstreibende, indem das Gebiet der mathematischen Probleme stets offen ist, diejenige des Begrenzten ist die Zusammenstimmung und Gemeinsamkeit der Sätze. Proklus hebt also hier die beiden Haupteigenschaften der mathematischen Welt hervor, einerseits ein unerschöpfliches Feld für die Forschung zu bieten, anderseits die Möglichkeit abgeschlossener, in sich bestehender Theorien zuzulassen.

Außer diesen beiden Urkräften gibt es noch eine Anzahl gemeinsame Gebilde, wie die Proportion, Gleichung usw. Insbesondere sind auch Schönheit und Ordnung allem Mathematischen gemeinsam, ferner die beiden Beweisarten der Analysis und der Synthesis. Aber was ist denn das Kriterium für das Mathematische, d. h. was verbürgt seine Richtigkeit? Proklus beginnt zunächst mit der Einteilung des Seienden in vier Abteilungen und mit den Proportionen, welche sie auseinanderzuhalten gestattet. Wir sind schon anläßlich Dantes darauf eingegangen.

Dann wird in drei Ansätzen die Aristotelische Ansicht zurückgewiesen, daß das Mathematische durch Abstraktion aus den Wahrnehmungen der Sinne gewonnen werde. Zuerst führt Proklus die Genauigkeit der mathematischen Figuren ins Feld, die es in den Wahrnehmungen nicht gibt. Dieses Argument gilt auch heute noch; denn unsere ganze Begründung der Analysis, der Begriff der Stetigkeit, des Grenzwertes, ferner die Unterscheidung zwischen rational und irrational sind nicht nur sinnlos im Sinnlichen, sondern ihm diametral entgegengesetzt. Die Länge einer gezeichneten Geraden ist ihrem Wesen nach nicht genau bestimmt, und die Zahl $\sqrt{2}$ würde im Physikalischen einen unendlichen Progreß immer genauerer Konstruktionen erfordern, der niemals von einer seiner Stationen weiter fortgesetzt werden könnte ohne Zuhilfenahme der mathematischen Definition dieser Zahl. Gerade dieser Progreß aber ist das Wesen dieser Zahl. Keine Station hat die Eigenschaft der Irrationalität an ihr.

Das zweite Argument stützt sich auf die Aristotelische Beweislehre, wonach nicht aus dem Besonderen, nämlich der einzelnen sinnlichen Wahrnehmung, auf das Allgemeine, das mathematische Gesetz, geschlossen werden kann.

Als drittes, wichtigstes Argument heißt es: Wer das Mathematische durch Abstraktion entstehen läßt, erniedrigt die Seele noch unter die Materie. Denn wenn die Materie das, was wesenhaft und wirklicher und bestimmter ist, von der Natur empfangen hat, während die Seele erst aus zweiter Hand von den materiellen Formen Spiegelbilder und Abdrücke zweiten Ranges in sich aufnimmt, indem sie diese abstrahiert aus der (ihr an Wert untergeordneten) Materie, wobei die Formen selber ihrer Natur nach sich nicht einmal loslösen lassen von der Materie — wie sollte da die Seele nicht trüber und kraftloser als die Materie sein? Hiermit treten alle Beweise für die Existenz der Seele in Funktion, und Proklus geht nicht mehr näher darauf ein.

Also ist die Seele die Schöpferin der mathematischen Formen und ihres Zusammenhanges. Weil sie die Urbilder besitzt (durch die geistige Schau), vermag sie das Mathematische seinem Sein nach aufzustellen, und ihre Schöpfungen sind Projektionen der schon vorher in ihr vorhandenen Ideen. „Wenn die Seele ohne den Besitz der Ideen einen so herrlichen Ornat (= geistigen Kosmos) sich gewoben und eine solche Theorie (= Schau gei-

60

stiger Realitäten) geschaffen hätte, wie könnte sie diese Schöpfungen prüfen, ob sie fruchtbar sind, oder ob der Wind sie verweht und sie bloße Spiegelbilder ohne Wahrheit sind? Welcher Normen könnte sie sich bedienen, um ihre Wahrheit zu messen? So sind die mathematischen Gebilde Schöpfungen der Seele, und ihre Gesetzmäßigkeiten, aus denen die Seele besteht, bekommen sie nicht vom Sinnlichen, vielmehr wird dieses von jenen projiziert."

Nun wird das Wesen der Seele näher beschrieben. Danach existiert das Mathematische sowohl in der Seele als im Geist. Was erstere zerteilt erblickt in Gestalt einer diskursiven Darstellung, besitzt der Geist urbildartig und zusammengefaßt. Daher besteht die Seele aus den mathematischen Ideen; sie ist ihre Fülle, ihr Inbegriff (Pleroma), und die mathematische Welt hat im Gegensatz zum äußeren Kosmos die Eigenschaft, sich selbst zu bewegen. „Und wenn sie ihre Logoi projiziert, dann läßt sie die Wissenschaften erscheinen und die Tugenden, und nimmer hört sie auf, zu schaffen und Neues zu finden, indem sie die zusammengefalteten Logoi in ihr zur Entfaltung bringt. Denn sie besitzt alles ursprungsartig im vorhinein, und gemäß ihrer unbegrenzten Kraft baut sie aus diesem Besitz die Bollwerke mannigfacher Theoreme."

Für Proklus ist also die wahre Psychologie Mathematik, die Natur der Seele durch Mathematik gekennzeichnet. Sie ist nicht passiv, wie die heutige Psychologie annimmt, und allenfalls befähigt, Eindrücke, die ihr von außen kommen, zu verarbeiten, sondern sie ist eine aktive Kraft, welche in die konfuse Sinnenwelt ihre Formen projiziert, ähnlich wie der Mensch in eine wüste Gegend eindringt und dort Wege, Straßen, Häuser baut, den Boden kultiviert und ihn hierdurch fruchtbar macht. Dazu muß sie sich zuerst eine geistige Welt erbauen und dann das dort befindliche auf die Materie übertragen. Anderseits begegnen ihr in der Wahrnehmung unausgesetzt schon geformte Dinge, ja, wir könnten sagen, daß niemand jemals absolut ungeformten Wahrnehmungen begegnet ist. Also scheint es, daß sie doch aus der Wahrnehmung Formen übernehmen könnte. Nun ist aber nach der von Proklus zugrunde gelegten Platonischen Lehre, die insbesondere im „Menon" ausgeführt wird, die Seele nicht von den Sinnendingen aus mit Erkenntnissen anzufüllen. Die Kraft ist einseitig und geht nur von der Seele auf die Wahrnehmungen. Plato führt zur Lösung dieser Schwierigkeit den Begriff des Weckens ein: der Wecker ist nur Anlaß zum Aufwachen, er gibt nicht selber das wache Leben. Ebenso weckt eine schöne Gestalt die Erinnerung an die Idee der Schönheit, welche im Herzen wunderbar schlief. Nach Proklus gibt es nun für den Verstand zwei Wege, die er durchlaufen kann, einen aufsteigenden und einen absteigenden. Beide verbinden die beiden Grenzen des Verstandes, nämlich die Sinnlichkeit unten und den Geist oben miteinander. Der aufsteigende Weg hat die Vereinheitlichung zum Ziel und faßt das Mannigfaltige zusammen, der absteigende beginnt bei den Urbildern und vervielfältigt sie zur ganzen Buntheit der Außenwelt. Auf dem letzteren Weg projiziert der Verstand die angewandten Wissenschaften.

In längeren Ausführungen wird nun gezeigt, daß sich die Mathematik bis in die Philosophie, Theologie, Physik, Politik, Ethik und Rhetorik erstreckt. Diese Ausdehnung gewinnt sie durch die Kraft des Maßes. Dies gründet sich auf die Lehre, daß die Höchstleistungen im geistigen und körperlichen Gebiet immer auf einer guten Zusammenstimmung der Komponenten beruhen. Im Sport ist diese Erkenntnis heute noch lebendig. Proklus betont, daß alle Schönheit auf der Wirkung von Symmetrien beruht und daß infolgedessen die mathematische Wissenschaft vor allem auch schön ist.

Nun läßt er einige Mathematikfeinde zu Worte kommen: Wir sind nicht reich, indem wir den Reichtum studieren, sondern indem wir ihn haben; und wir sind nicht glücklich durch das Verständnis des Glückes, sondern indem wir glücklich leben. Nicht die Erkenntnis, sondern die Erfahrung ist das Wichtige. Wenn einer die Handgriffe einer Kunst eingeübt hat und nachher die Beweise dafür kennenlernt, so verliert er augenblicklich seine Fertigkeit (diese Formulierung bei Jamblich, S. 80, 20).

Proklus geht nicht noch einmal auf den Nutzen der Mathematik ein, sondern er benützt den Einwand nur, um dem zentralen Gedanken der platonischen Philosophie um so mehr Wucht zu geben. Man muß die Mathematik um ihrer selber willen treiben und nicht um der menschlichen Notdurft willen. Denn sie reinigt das Auge der Seele und löst die Seele von den Fesseln der Sinne. Auch Aristoteles sage, daß die Mathematiker ihre Wissenschaft um ihrer selben willen treiben; denn sonst hätte sie nicht in kurzer Zeit eine so gewaltige Entwicklung nehmen können, ohne daß irgendeine Besoldung dafür ausgesetzt war. Und wer auch nur wenig von ihrem Nutzen gespürt hat, wünscht in ihr zu weilen und alles andere zu lassen. Wer verächtlich von der Mathematik spricht, hat nie von ihrer Süßigkeit gekostet.

Die Quelle dieser Lehren des Proklus ist Platos „Staat", und zwar die Partie vom Ende des sechsten Buches bis zur Mitte des siebenten. Ihr Zentrum wird von dem bekannten Höhlengleichnis gebildet. Man denke sich Menschen in eine finstere Höhle eingeschlossen und so gefesselt, daß sie nur gegen eine Wand blicken können; hier sehen sie Schattenbilder, die sich bewegen. Da sie nie etwas anderes gesehen haben, werden sie diese für die Wirklichkeit ansehen. Nun denke man sich einen von ihnen von den Fesseln befreit und in die Außenwelt gebracht. Er wird zuerst geblendet und erst nach einiger Zeit die Herrlichkeit dieser Welt erkennen. Kehrt er nun zurück in die Höhle, so wird er Mühe haben, sich wieder zurechtzufinden und zum Gespött der Mitgefangenen werden. Diese Höhle ist die sichtbare Welt; der Gefangene, der sich befreit hat, ist die Seele, welche sich zur geistigen Welt erhebt. Und nun fragt Plato: Welche Wissenschaft ist imstande, die Seele aus dem Dunkel ins Licht der wahren Wirklichkeit zu erheben? Er findet sie in der Mathematik. „Aber niemand bedient sich ihrer in richtiger Weise." Man soll sie um ihrer selbst willen und zum Aufstieg in die geistige Region betreiben. Dies ist die „Befreiung von den Fesseln", von der Proklus und Jamblich sprechen.

Man kann nicht gerade sagen, daß in der neueren Zeit die Mathematik in diesem Sinne verwendet wird. Der tiefere Grund liegt darin, daß durch das Christentum in allen die Seele betreffenden Fragen die mathematischen und überhaupt die philosophischen Kräfte durch die viel mächtigeren religiösen ersetzt worden sind. Die Weltweisheit ist zurückgedrängt worden. Trotzdem behalten diese Lehren ihren Wert, und es ist kein Zweifel, daß die Philosophie, wenn sie autonom sein will, der Mathematik als ihres Rechtsgrundes bedarf. Denn die Ethik und die Künste lassen sich mit einiger Plausibilität an anderes anknüpfen, erstere etwa als Resultat der Abschleifung im menschlichen Zusammenleben, letztere etwa als Abbilder sinnlicher Erlebnisse. Einzig bei der Mathematik ist eine solche Abhängigkeit einwandfrei auszuschließen — das leistet z. B. der erste der Proklischen Beweise — und erst dadurch ist der Grund zu einer autenergischen Philosophie gelegt.

Der Rest des Prologes befaßt sich mit spezielleren Fragen. Die Einteilung der Mathematik nach dem Quadrivium: Arithmetik, Musik, Geometrie und Sphärik (Astronomie) wird nach Plato (6. Buch der „Republik") gegeben. Das erste Paar behandelt die Quantität, das zweite die Qualität. Anders teilt Geminos: die Mathematik zerfällt in die beiden Geisteswissenschaften Arithmetik und Geometrie und in die sechs Naturwissenschaften (peri aistheta) Mechanik, Astronomie, Optik, Geodäsie, Kanonik, Logistik.

Das, was die Mathematik zusammenhält, der Syndesmos, ist nicht die Analogie, sondern in erster Linie die eine und ganze Mathematik selber, sofern sie imstande ist, die Prinzipien und ihre Verwendung in den Teilwissenschaften selber zu bestimmen und zu sichten. Oberhalb von ihr käme die Dialektik, das Kranzgesimse der Mathematik, und über dieser der Geist selber, welcher alle dialektischen Kräfte eins-artig umfaßt. Er faltet die dialektischen Gebilde zusammen und verkettet alles Mathematische. Er ist das eigentliche Ziel des Aufstieges.

Und Proklus schließt in der Art eines Hymnus:

„Dies ist also die Mathematik, die Wiedererinnerung an die unsichtbaren Formen der Seele; und ihre Leistung, wie schon aus ihrem Namen hervorgeht, ist dies:

sie gibt ihren eigenen Erkenntnissen Leben,

sie weckt den Geist, reinigt den Verstand,

sie bringt die Ideen, welche wesenhaft in uns sind, ans Licht,

sie entfernt das Vergessen und die Unwissenheit, welche uns durch die Geburt geworden sind,

sie löst uns von den Fesseln des Irrationalen, gemäß dem Gott, der in Wahrheit der Wächter dieser Wissenschaft ist,

der die Geschenke des Geistes leuchten läßt,

der alles mit göttlichen Formen erfüllt

und die Seelen zum Geist bewegt

und sie wie aus einem tiefen Todesschlaf erweckt,

der sie durch die wissenschaftliche Arbeit zu sich selber zurückwendet

und durch Geburtshilfe zur Vollendung bringt,

und, indem er sie den klaren Geist finden läßt, zum wahrhaft glückseligen Leben führt.

Diesem Gott weihen wir auch diese Schrift, welche wir über die mathematischen Wissenschaften verfaßt haben."

Wahrscheinlich ist mit diesem Gott Hermes Trismegistos gemeint.

Nach diesem Prolog folgt die eigentliche Einleitung in die „Elemente" Euklids, nämlich eine Untersuchung über das Wesen der Geometrie. Daß sie ein Teil der Mathematik ist und an zweiter Stelle, unterhalb der Arithmetik, steht, bedarf nicht mehr vieler Worte. Das Neue, was hinzukommt, ist die Phantasie, welche, geringer als der Verstand, den Raum liefert. Freilich handelt es sich nicht um die Ausdehnung der Materie, sondern um den geometrischen Raum. Proklus unterscheidet scharf zwischen diesen beiden Dingen. Eine geometrische Figur ist noch nichts Körperliches, sondern gehört der Phantasie an. „Unser Verstand, unfähig, die geometrischen Gebilde zusammengefaßt zu schauen, entfaltet sie (spannt sie räumlich aus), bringt sie aus sich heraus und führt sie in die Phantasie hinein, die vor seiner Tür liegt. In dieser Phantasie sowie mit ihrer Hilfe breitet er das, was er an Geometrie kennt, aus. Weil er gern vom Sinnlichen getrennt bleibt, paßt ihm der Phantasie-Raum gut als Magazin für seine Formen (Ideen)." (Procl. in Eucl., S. 54 f.) Der geometrische Raum ist also ein Phantasiegebilde, das dem Verstand gestattet, den Übergang vom mathematischen Urbild zum Sinnlichen zu vollziehen und die ihm eigentümlichen diskursiven Methoden anzuwenden. So ist der Kreis als Idee einer, aber in den Raum geworfen wird er in vielfältiger Gestalt schaubar, und man kann die geometrischen Operationen mit ihm ausführen. Aber daß der Verstand sich der Phantasie bedienen muß, ist ein Mangel, und so fährt denn Proklus fort: „Wenn es jemals dem Verstand gelänge, die Ausspannungen der Figuren im geometrischen Raum zusammenzufalten und die Gestalten und ihre Vielheit gestaltlos und eins-artig zu schauen, dann würde er freilich ganz anders die ungeteilten, unausgedehnten, wesenhaften geometrischen Urbilder erblicken können, deren Fülle er ist. Diese Kraft des Verstandes zur Herrschaft zu bringen, wäre allerdings das höchste Ziel für die geometrische Wissenschaft, und dies könnte in Wahrheit das Werk einer Gottesgabe (wörtlich einer Hermesgabe) genannt werden. Denn dadurch würde die Geometrie gleichsam aus den Armen der Kalypso befreit und emporgezogen in eine vollkommenere und geistigere Erkenntnisweise; sie wäre erlöst von dem Zwang, räumliche Form anzunehmen, dem sie in der Phantasie unterworfen ist. Hierauf muß man all sein Streben richten, wenn man ein echter Geometer ist: Man muß die Geometrie wecken und sie aus der Phantasie in die Monè zurückführen, damit der Verstand ganz auf sich selbst gestellt ist. Hierzu muß der Geometer sich selber von den räumlichen Distanzen und dem ‚passiven Geist‘ (ein von den Neuplatonikern gerügter Terminus technicus des Aristoteles) losreißen und zur Verstandeskraft zurückkehren, vermöge deren er alles raumlos und unzerteilt erblickt, den Kreis, den Durchmesser, die eingeschriebenen Polygone, alles in allem und doch jedes für sich.“

Wenn auch die Übersetzung vielleicht nicht in allen Punkten gesichert ist, so wird doch der Gedanke des Proklus klar. Die geometrischen Figuren, welche wir uns im Raum, den die Phantasie bereithält, vorstellen, vergleicht er mit dem Dulder Odysseus, der fern von Menschen auf eine Insel verschlagen ist. Er fordert die Mathematiker auf, die Rolle des Hermes zu übernehmen und die Geometrie in ihre wahre Heimat, den diskursiven Verstand, zurückzuführen. Über diese Herausforderung der Mathematiker kann man freilich verschiedene Vermutungen haben. Zunächst könnte damit die Ideenschau, die Plato im Symposion fordert, gemeint sein, und dieses Motiv ist den Neuplatonikern geläufig. Aber dann müßte eigentlich die Zurückführung in den Nous gefordert sein. Hier ist aber ausdrücklich von der Dianoia, dem logischen Verstand, die Rede, und darum ist vielleicht etwas Richtiges an dem Gedanken von Hermann Cohen und Nikolai Hartmann (siehe N. H. „Des Proklus Diadochus philosophische Anfangsgründe der Mathematik“, Gießen 1909, S. 33), daß Proklus hier eine neue Behandlungsart der Geometrie voraussagt, die erst durch Descartes verwirklicht wurde, nämlich die analytische Geometrie.

Interessant ist eine Vergleichung mit der Kantischen Raumlehre. Dort ist der Raum die Form der äußeren Anschauung, welche allen äußeren Wahrnehmungen zugrunde liegt, und gerade er verbürgt der Geometrie die Wahrheit ihrer Sätze. Bei Proklus dagegen bedeutet er einen Mangel; die wahren geometrischen Gebilde werden seinetwegen in große Nähe der sinnlichen Dinge gebracht und unterliegen dadurch gewissen Unvollkommenheiten.

Beide Anschauungen sind durch die immanente Forschung der Mathematik widerlegt worden. Der euklidische Raum hat sich selber als ein geometrisches Gebilde erwiesen, das mit den übrigen prinzipiell gleichgestellt ist. Er ist nicht eine fernes Eiland, auf dem die Kreise, Kugeln usw. in der Verbannung schmachten, sondern er selber ist der geometrischen Behandlung fähig, man kann ihn in seiner ganzen Ausdehnung aufheben und ihm andere Raumformen zur Seite stellen. Dadurch sind nicht nur seine Gefangenen, sondern er ist selber mit ihnen befreit worden, und die Hermestat ist von Descartes, Riemann u. a. geleistet worden. Hierin erkennen wir die schönste Bestätigung der Grundthese des Proklus, daß nämlich die Mathematik nicht eine Abstraktion aus dem sinnlich Wahrgenommenen ist, sondern daß ihre wahre Quelle anderswo liegt. Denn die Entdeckung, daß man auch nicht-euklidisch Geometrie treiben kann, war gar nicht möglich auf Grund äußerer Erfahrung, und der Ausbau der neuen Raumformen kann nur durch eine „anschauende Urteilskraft" erfolgen.

Nachdem Proklus einen Überblick über die Geometrie und ihre Leistungen gegeben hat, folgt der bekannte Abschnitt über die Geschichte der Mathematik. Auf Seite 65 findet sich der Satz, der in der Sprache Kants so lautet: „So fängt denn alle menschliche Erkenntnis mit Anschauung an, geht von da zu Begriffen und endigt mit Ideen." (Kritik der reinen Vernunft, Elementarlehre, T. 2, Abt. 2).

Der eigentliche Kommentar verdient ebenfalls eingehendes Studium, und eine deutsche Übersetzung wäre wünschenswert. So enthält die Erklärung der 12. Prop. (S. 285) Ausführungen über das Apeiron. Auch noch in der Phantasie ist ein letzter Rest dieser vorwärtstreibenden Kraft, nämlich die unbegrenzte Gerade und Ebene. Aber sie erreicht diese Unendlichkeit nur durch die Unfähigkeit, zu Ende zu denken. Wie das Dunkel vom Sehen durch das Nicht-Sehen erkannt wird, so wird die Unbegrenztheit von der Phantasie durch ein Nicht-Denken erkannt. Demgegenüber ist der Raum der Körperwelt schlechterdings unfähig, die Kraft des Apeiron zu erfahren. „Das, was im Kreis bewegt wird, kann das Apeiron nicht aufnehmen, und ebensowenig können es die einfachen Körper, denn der Ort eines jeden derselben ist begrenzt." (S. 284, 285.)

Schließlich sei noch der Vergleich der Triade mit dem Kreis im Wortlaut mitgeteilt. Er steht in den Bemerkungen zum Kreis (15. und 16. Definition, S. 155): „Wenn ich aber die erste Ursache nennen soll, durch welche die Kreisfigur erschienen und zur Vollendung gekommen ist, so muß ich die höchste Ordnung des Geistigen nennen. Das Zentrum nämlich gleicht der wirkenden Ursache, welche durch die Grenze, das Peras, gebildet wird. Die Radien, welche vom Zentrum ausgehen und sowohl an Zahl als Größe unbegrenzt sind — soweit es nämlich auf sie ankommt und nicht auf den Kreis —, tragen den Stempel des Unbegrenzten, des Apeiron. Die Linie aber, welche die unbegrenzte Ausdehnung der Radien begrenzt und sie wieder zum Zentrum zurückführt, entspricht dem unsichtbaren Kosmos, der durch das Peras und das Apeiron errichtet wird, und der auch nach der orphischen Lehre im Kreise bewegt wird:

Das Unermeßliche bewegt sich reibungslos im Kreise herum.

„Denn mit Recht nennt man ‚Kreisförmig tätig sein‘, was sich in geistiger Weise um den Geist bewegt und diesen als Zentrum seiner Bahn festhält. Daher tritt auch aus dem Kreise der dreifache Gott hervor, welcher in sich den Ursprung der Prozession der geradlinigen Figuren (der Polygone) umfaßt. Wegen dieser Kraft haben ihm die Weisen und die Mystiker unter den Theologen seinen Namen (Trismegistos) gegeben; denn das erste Polygon ist das Dreieck. So erscheinen also die geometrischen Figuren zuerst in der Götterwelt, aber ihre feste Unterlage besitzen sie in den geheimnisvollen, alles beherrschenden Urgründen der geistigen Welt.“

An dieser für das antike und mittelalterliche Denken besonders charakteristischen Stelle sieht man die doppelte Bedeutung des Kreises als raumaufspannende Form und als geistige Kraft. So denkt auch Dante; ja wir werden sehen, daß Goethe seine Farbenlehre so denkt. Keine Naturwissenschaft kann aber so etwas entbehren. Denn der Materialismus braucht den leeren Raum, welcher der Materie ihren Behälter und damit die Form gibt; die antike Philosophie braucht die gewaltige Kugel des Weltalls, und die Weltlehre, welche für uns maßgebend ist, braucht die infinitesimalen Kugeln, die metrischen Linienelemente zum Aufbau des Raumes. Daß die Weltmetrik der Gravitation zugrunde liegt, das ist eine Anschauung, welcher auch Proklus zugestimmt hätte.

ÜBER DIE ZAHLEN UND DEN RAUM
BEI DEN NEUPLATONIKERN

Von den Platonischen Lehren bietet uns wohl seine Auffassung von den Zahlen am meisten Schwierigkeit. Wir fragen uns, wie es möglich ist, daß so nüchterne und rationale Denker wie die Neuplatoniker an dem befremdlichen pythagoreischen Satz „Alles ist Zahl" mit solcher Zähigkeit festhalten konnten. Gelegentlich ist der Vorschlag gemacht worden, in diesem Satz den Anfang der theoretischen Physik und der Lehre von der mathematischen Gesetzmäßigkeit der materiellen Vorgänge zu sehen. Dann müßte die These aber lauten, daß die Zahlen Gesetzesformen *für* etwas sind, während sie aussagt, daß die Zahlen das Wesen der Dinge, nicht ihnen zukommende Akzidenzen oder Attribute sind. Eine Nachlässigkeit in der Ausdrucksweise kann nicht vorliegen; denn gerade mit der Beschreibung der Funktionen eines Begriffes, der Relationen zu anderen Begriffen nahmen es die Griechen besonders genau. So ist z. B. schon von Demokrit folgender Satz überliefert: „Das Schema besteht in sich, die Süßigkeit und überhaupt das mit den Sinnen Empfindbare ist auf etwas anderes zu gerichtet und liegt in einem Dritten."

Wenn wir heute von Zahlen sprechen, so verstehen wir darunter etwas Abstraktes, ein von allem Wirklichen losgelöstes formales Schema, das erst durch Ausfüllung seiner Leerstellen Inhalt bekommt. Für diese Zahlen hat der pythagoreische Satz keinen Sinn; er behauptet vielmehr das genaue Gegenteil, nämlich die Zahlen seien das Wesentliche an allem. Was für eine Wirklichkeit kann aber durch die Zahlen gesetzt werden oder, vorsichtiger ausgedrückt, von was für einer Realität konnten logisch denkende Menschen behaupten, sie sei zahlartig? Wenn uns irgend etwas auf die Spur führen kann, so ist es die Analogie. Denn nach Proportionen haben die Griechen stets gedacht; aber auch Kepler rühmt ihre Kraft, Geheimnisse aufzudecken, in folgenden Worten (Paral. ad Vitellionem, IV, 4): „plurimum amo analogias, fidelissimos meos magistros, omnium naturae arcanorum conscios: in Geometria praecipue suscipiendos, dum infinitos casus … quantumvis absurdis locutionibus concludunt totamque rei alicuius essentiam luculenter ponunt ob oculos."

Beginnen wir also ohne Furcht vor Absurditäten unsere Proportionen. Wenn man in der Mechanik von der Gravitation spricht, so handelt man zunächst von einem System von Differentialgleichungen. Daneben aber stellt man sich noch eine wirkliche, in der Materie wirkende Kraft vor, deren Urbild oder Begriff durch die Gleichungen wiedergegeben wird. Damit haben wir schon zwei Glieder der Proportion, nämlich die wirkende Gravitation und ihr Gleichungssystem. Es wird gut sein, noch zwei im selben Verhältnis stehende Terme heranzuziehen: in der Geometrie handelt man vom Raum der Phantasie, aber man läßt ihm den wirklichen Raum des Weltalls entsprechen. Ordnen wir nun die Zahlen in der Proportion dem Gleichungssystem oder dem geometrischen Raum zu, so muß sich die gesuchte, unbekannte Realität zu den Zahlen verhalten wie die Gravitation zu den Gleichungen und wie das Weltall zum geometrischen Raum (Welt: Raum $= \mathrm{X} : \mathrm{Zahl}$).

Nun sind in der Zahl mehrere Einheiten gleichzeitig und gleichberechtigt gesetzt; die Kraft der Zahl muß also darin bestehen, daß verschiedene Dinge gleichgesetzt werden, daß von verschiedenen Wesen ihre prinzipielle Gleichberechtigung ausgesagt werden kann. Diese Kraft macht in der Tat die Realität überhaupt erst möglich. Denn beginnt man mit der Setzung der momentanen Vorstellung, der Kogitation, als dem Geltenden, so findet ein unaufhörlicher Wechsel statt, der keinen Bestand zuläßt. Ich sehe jetzt ein Haus und wende mich um, das Haus verschwindet, und ich sehe jetzt einen Garten, und so geht es weiter. Nun projiziere ich das Schema des geometrischen Raumes und verlege diese Vorstellungen hinein. Gemäß der Eigenschaft, daß alle Objekte im Raum gleichumgeben und gleichberechtigt sind, wird jetzt die gewesene Vorstellung nicht mehr verschwinden, sondern im Raum aufgehoben und mit der jeweiligen aktuellen Vorstellung gleichgestellt sein. Ich erhalte also einen mit Gegenständen angefüllten Raum. Aber für die Existenz dieser Außenwelt erhalte ich keine Gewähr; denn alles könnte bloß meine Vorstellung sein, eine irreale Traumwelt. Das Raumschema hat nicht die Kraft, Existenz zu setzen; das haben die Philosophen des 18. Jahrhunderts klar gesehen und als Aporie empfunden.

Nun verwende ich aber das Schema der Zahl und entschließe mich, den Nächsten mit mir zu zählen, ihn als mit mir Gleichgestellten anzusehen und als gleichumgeben, gleichberechtigt, wie ich selbst, anzuerkennen. Offenbar kann er nun nicht mehr als bloße Vorstellung von mir gelten, denn dies würde unmittelbar reziprok auf mich zurückwirken, und ich selbst wäre bloß seine Vorstellung; die Vorstellung, die bisher *meine* Vorstellung war, würde sich nun als Vorstellung der Vorstellung eines anderen ausweisen, und dies müßte in infinitum fortgesetzt werden, es ergäbe sich die logische Absurdität des sogenannten „dritten Menschen". Der Zahlbegriff besitzt demnach die Kraft, Existenz zu setzen; er ist also dem Raum übergeordnet in demselben Maße, als das Subjekt über dem Objekt steht. Freilich folgt aus dieser Priorität noch nicht, daß die Zahl den Raum erzeugen kann, daß also die Geometrie arithmetisiert werden muß. Aber die Raumdinge erhalten erst durch die Zahl Existenz.

Das auch in Zeiten, in denen bloß der Geometrie, nicht aber der Zahl eine die Außenwelt konstituierende Kraft zuerkannt wird, die Zahlenkraft irgendwie gefühlt werden muß als ein unerklärliches Etwas, ist zu vermuten, und es scheint, daß hier die Quelle des Begriffes vom Inneren der Natur liegt. In der Tat ist der Raum nur fähig, Objekte aufzunehmen; dagegen gehört es zum Wesen der Zahl, Subjekthaftes zu projizieren. Und so legt sie hinter die Objekte gleichsam einen Schatten, eben das bewußte Innere der Dinge, von dem man das Gefühl hat, daß er das eigentliche und wahrhaftige, aber unerkennbare Wesen der Dinge sei. Nachdem aber der wahre Ursprung dieses Gefühles erkannt ist, kann man einsehen, daß dieses Sein der Dinge, dieses Innere der Natur, doch die leerste Abstraktion ist, daß also Euler, Kant und Goethe in ihrer Abwehr gegen Haller Recht hatten. Denn es ist nicht immer derselbe Gehalt, den wir mit der Zahl auf die Außenwelt projizieren. Während wir den Menschen einen vollständigen Subjektcharakter von unserer eigenen Art zuerkennen, machen wir schon für die Tiere einen erheblichen Abzug und lassen im wesentlichen die Intelligenz weg. Für die Pflanzen sehen wir auch vom Gefühl ab und lassen ihnen bloß noch die Selbstbewegung. Schließlich wird für die Körperwelt auch hiervon abstrahiert und nur noch das „Sein“ übriggelassen, das Subjekt ohne irgendwelche Subjektcharaktere, sozusagen noch eine logische Leerstelle. Diese ist das Sein $=$ Nichts, das Hegel an den Anfang seiner Logik stellt, das sich hier dagegen als letztes Residuum des kraft der Zahl gesetzten Subjektes ergibt.

Daß wir hier in nächster Nähe der Analogie zwischen Mikrokosmos und Makrokosmos gelangt sind, ist klar. Wenn mit ihr auch viel Unsinn getrieben worden ist, so ist der Kern der Lehre doch gesund, und man wird schwerlich ohne sie auskommen können.

Nach unseren Ausführungen nimmt die Zahl unter den Seelenkräften eine der höchsten Stellen ein, und gerade hierin besteht die Lehre der Platoniker. Um Platos eigene Meinung zu kennen, braucht man nicht die wenigen Überreste der Vorlesung über das Gute zu studieren (worüber vor allen Dingen das Buch von J. Stenzel: „Zahl und Gestalt bei Plato und Aristoteles“, Leipzig und Berlin 1924, handelt), sondern man ersieht sie schon aus dem großen dialektischen Gebäude im zweiten Teil seines Dialoges „Parmenides“. In neun Positionen wird dort das dialektische Rüstzeug für die gesamte Welt gegeben, allerdings ohne Hinweis auf eine solche Deutung. Die erste Hypothese, „Eins ist Eins“, bringt den philosophischen Gottesbegriff, der von Plato entdeckt und für die spätere Zeit bis auf heute in Geltung geblieben ist. Gleich die zweite Hypothese, „Eins ist“, liefert die Zahlen fast an erster Stelle; ihre Sätze gelten der intelligiblen Welt. An dritter Stelle kommt die Seele, schließlich die Materie. Nach dieser Rangordnung stehen die Zahlen über den Seelen.

Einen ähnlichen Rang nehmen sie bei Jamblich ein. Er schreibt („De communi mathematica scientia", ed. Festa, S. 18): „Die Urgründe, aus denen die Zahlen hervortreten, sind noch erhaben über das Schöne und Gute; aus der Zusammenfügung der Eins und des die Vielheit ermöglichenden geistigen Mediums ersteht die Zahl, und erst in den Zahlen erscheint das Sein und die Schönheit. An dritter Stelle erscheint das geometrische Sein, das aus den Elementen der Linien hervorgeht, und auch in ihm ist gleichermaßen das Sein und das Schöne, worin nichts Häßliches noch Schlechtes ist. Schließlich, in den an vierter und fünfter Stelle stehenden zusammengesetzten Dingen, entsteht aus den materiellen Elementen das Schlechte, nicht aktiv vorangehend, sondern daraus, daß etwas aus seiner Natur herausfällt und sich nicht behaupten kann."

Wichtige Ausführungen über Zahlen finden sich bei Plotin, „Enneaden" VI, 6, ferner in dem interessanten Werk von Damascius, „Aporiai kai luseis" („Problèmes et solutions", traduits par A.-Ed. Chaignet, Bd. 2, S. 244—320, §§ 191—240). In diesem letzteren Werk stehen die Zahlen an der Spitze der zweiten Triade, derjenigen der „Intelligiblen und Intellektuellen". Aber es fällt uns schwer, diese Ausführungen des Damascius in der abstrusen Sprache der orphischen Götterlehre zu verstehen, trotzdem sie streng wissenschaftlich aufgefaßt werden sollen und können.

In viel genießbarerer Gestalt erscheint die Lehre in der neueren Zeit. Nicolaus Cusanus hat sie neu durchdacht und mehrfach wiedergegeben. So heißt es im „Liber de mente" (Text und Übersetzung in E. Cassirer, „Individuum und Kosmos in der Philosophie der Renaissance", Leipzig 1927) über die göttliche und die menschliche Zahl: „Wie sich unser Geist zum unendlichen und ewigen Geist verhält, so verhält sich die Zahl unseres Geistes zu der Zahl, die aus dem göttlichen Geist hervorschreitet... Es kann nicht mehr als *ein* unendliches Prinzip geben, und dieses allein ist unendlich einfach; das erste Verursachte kann nun offenkundig nicht unendlich einfach sein, es kann aber auch nicht zusammengesetzt sein aus Komponenten, die von ihm verschieden sind, denn dann wäre es nicht das erste Verursachte, sondern seine Komponenten würden ihm naturgemäß vorangehen. Man muß daher zulassen, daß das erste Verursachte so zusammengesetzt ist, daß es nicht aus anderm, sondern aus sich selber zusammengesetzt ist, und unser Geist kann nicht fassen, daß irgend etwas diese Beschaffenheit haben könne, es sei denn die Zahl oder etwas, was der Zahl unseres Geistes gleicht. Daraus, daß der göttliche Geist etwas so, anderes anders schaut, ist die Vielheit der Dinge entstanden. Hieraus findest du, bei genauem Zusehen, daß die Vielheit der Dinge nichts anderes als eine Art und Weise des Anschauens des göttlichen Geistes ist. So schließe ich, daß man unwiderleglich sagen kann, das erste Exemplar der Dinge in der Seele des Schöpfers sei die Zahl. Das zeigt die Ergötzung und die Schönheit, die allen Dingen innewohnt und die in der Proportion besteht, die Proportion wieder in der Zahl; daher ist die Zahl der trefflichste Pfad, welcher zur Weisheit emporführt."

Wir werden uns nicht vermessen, über die göttlichen Zahlen zu philosophieren, sondern uns damit begnügen, die Funktionen, welche wir im Zahlbegriff begreifen, zu untersuchen. Danach ist er gewiß nicht imstande, das Sein unseres Ich zu setzen, sondern seine Leistung kann nur sein, dieses zu projizieren und uns damit eine Außenwelt zu eröffnen. Aber es ist nicht eine fremde Wirklichkeit, die wir da erfahren; sondern was wir entdecken, sind wir ja selbst, und was uns von dorther kommt, trifft uns und bereichert uns selber.

Schon die Musik ist erst auf Grund der arithmetisierten Tonskala möglich. Ein einzelner Ton ist noch nicht sehr bedeutungsvoll; erst in der gegenseitigen Beziehung, welche schön proportionierte Klangfolgen bewirken, kommt der Einzelton zur Geltung. Entsprechend ist das Reich der Sittlichkeit erst auf Grund der gezählten Menschheit möglich. Das Grundgesetz aller Gemeinschaftsbildung, der Kantische kategorische Imperativ „Handle so, daß die Maxime deines Willens jederzeit zugleich als Prinzip einer allgemeinen Gesetzgebung gelten könne", fordert, daß man bei seinen Handlungen jederzeit den Nächsten mit sich selbst zählen soll, und wird von Kant auch so begründet. Und wenn Kant am Schluß seiner „Kritik der praktischen Vernunft" zwei Dinge nennt, welche das Gemüt mit immer neuer und zunehmender Bewunderung und Ehrfurcht erfüllen, den bestirnten Himmel über mir und das moralische Gesetz in mir, so ist die enge Beziehung zu Raum und Zahl als ihren Bedingungen evident.

Jede staatliche Institution setzt gezählte Menschen voraus. Diese Erkenntnis läßt sich noch in vorpythagoreischer Zeit nachweisen. Im Alten Testament (2. Sam., Kap. 24) wird berichtet, daß David von Gott bestraft wurde, weil er sein Volk zählen ließ. Hier wird offenbar die Zählung als Gründung eines weltlichen Reiches angesehen. Vielleicht ist die Idee der Gerechtigkeit unter der allgemeinen Idee der Symmetrie zu subsumieren. So setzt die Beurteilung eines Kaufvertrages voraus, daß man sich in die Lage des Käufers und des Verkäufers versetzen kann kraft der Zahl, und daß man die Symmetrie, das Gleichgewicht, beurteilen kann. Der Kauf ist sonach eine Relation mit zwei symmetrischen Leerstellen.

Eine interessante Bestätigung, daß es sich in der Jurisprudenz um Symmetrien handelt, liefert die bekannte Forderung „Sei nicht allzu gerecht" (Prediger Sal., Kap. 7, 16), im römischen Recht: „Summum ius summa

iniuria" (worüber J. Stroux in der Festschrift für meinen Vater eine schöne
Abhandlung geschrieben hat, die auch separat bei B. G. Teubner erschienen
ist). Wenn das Recht nur aus den Lebensgewohnheiten der Menschen ent-
stände, so wäre ein solches Urteil unverständlich. Denn für die materiellen
Gegenstände gilt die Regel, daß sie um so besser funktionieren, je genauer
sie verfertigt sind, und die Ungenauigkeit läßt sich nur durch die praktische
Notwendigkeit, durch die Ökonomie rechtfertigen, die nicht gestattet, daß
man zuviel Zeit und Arbeit auf einen Gegenstand verwendet. Ebenso
müßte es mit dem Recht sein. Aber der Satz behauptet gerade im Gegenteil,
wenn man die Präzision allzuweit treibe, so fliehe die Gerechtigkeit, und an
ihre Stelle trete das Unrecht. Genau dasselbe Phänomen haben wir auch in
der Musik beobachtet: wenn die Präzision in der Wiedergabe übertrieben
wird, so flieht die Schönheit. Aber auch in der Geometrie pflegt man die
Figuren nicht allzu genau zu machen; man will nicht den Anschein er-
wecken, als könne man durch Steigerung der Präzision sich der mathematischen Genauigkeit nähern. Die sogenannte Exaktheit in der Mathematik
ist etwas Grundverschiedenes von der Präzision einer Näherung. Wir haben
das schon früher an der Irrationalität deutlich zu machen gesucht. Eine gute
Annäherung von $\sqrt{2}$ durch eine rationale Zahl ist nicht irrationaler als eine
schlechte; die Lehre von den quadratischen Zahlkörpern kann im Gebiet der
Annäherungen gar nicht erscheinen. So liegen die Dinge auch im Recht.
Durch mechanische Präzision in der Anwendung der Vorschriften wird man
sich nicht der Gerechtigkeit nähern, sondern man wird sie vertreiben und
an ihre Stelle eine bloße Geschicklichkeit setzen. Das alles läßt sich in einer
Vorschrift zusammenfassen, die ungefähr so lautet: Man soll die Abgrenzungen im geistigen Gebiet nicht so erstarren lassen, daß die Prohodos
abgetötet wird. Jede Epistrophè — und ein Gesetzbuch gehört unter diesen
Titel — ist bloß eine Stufe und dazu bestimmt, in einer höheren aufgehoben
zu werden.

Als ein weiteres Beispiel für die Zahlkraft nennen wir das Geld. Alle
dem Handel zugänglichen Objekte sind in diese arithmetische Skala getaucht und nur soweit durch ihn erfaßbar. Ein Unternehmen ist dann und
nur dann ausführbar, wenn es in dieses Medium hereingebracht werden
kann und sich als rentabel erweist. Dieser Kotierung werden in neuerer Zeit
immer weitere Gebiete zugänglich gemacht, aber gerade im Geistigen bleiben
noch viele Dinge unerfaßt, z. B. die mathematischen Formeln, die jedermann
verwendet, als wären sie Luft, und auch dementsprechend wertet.

Wir haben gesehen, wie den Griechen die Zahl etwas viel Lebendigeres,
Realeres gewesen ist als uns. Dazu paßt es, daß ihnen die materiellen Dinge
viel unwirklicher erschienen als uns. Man wird hier am besten die 8. Position
im Platonischen „Parmenides" heranziehen, die lautet: „Wenn Eins nicht ist,

was sind dann die andern?" Man kann sie etwa so umschreiben: Wenn die
Formen in der Materie nichts Wirkliches sind, was ist dann die Materie?
Hier lesen wir (165 a, b, c): „Wenn der Verstand irgend etwas erfassen will,
so geht jedem Anfang stets ein anderer Anfang voran, jedem Ende folgt ein
anderes Ende, in jedem Mittleren gibt es noch eine Mitte, die noch kleiner
ist, da man niemals eines dieser Stücke fassen kann, weil (nach der Voraussetzung) die Eins fehlt. Daher zerbröckelt und zerfällt alles Seiende, das der
Verstand ergreift, denn es ist ein Haufen ohne Einheit. Notwendigerweise
wird ein solcher Block demjenigen, der von ferne mit schlechten Augen hin-
sieht, als eine Einheit erscheinen; wer aber nahe hinzutritt und scharf acht
gibt, der wird jede dieser Einheiten als eine unbegrenzte Menge erblicken,
weil sie der Eins entbehrt, die nicht ist. So erscheinen also die andern: ein
jedes begrenzt und unbegrenzt, eins und vieles, vorausgesetzt nämlich, daß
die Eins nicht ist, dagegen die andern sind. — Ferner scheinen sie auch ähnlich
und unähnlich; gerade wie bei einem perspektivisch gemalten Bild demjenigen, der in einiger Entfernung steht, alles als Einheit und Identität und
Ähnlichkeit erscheint, wenn man aber nahe hinzutritt, so erweist es sich als
vieles und verschiedenes ..."

Die Ansicht der Neuplatoniker weicht von der Platonischen nicht ab.
Man findet sie mit aller wünschbaren Vollständigkeit in der Abhandlung
von Plotin über die beiden Materien, „Enneaden" II, 4. In der neuen Plotin-
übersetzung von Richard Harder steht sie im ersten Band, S. 130—147.

Die Welt der Objekte sieht nach dieser Lehre folgendermaßen aus: zu-
nächst erscheinen uns Formen — Plotin wählt als Beispiel einen Becher.
Sehen wir genauer zu, so ergibt sich, daß diese Form in Wirklichkeit aus
Teilformen besteht, nämlich aus den Atomen. Aber hier können wir nicht
stehenbleiben, sondern wir müssen diese Formen, zum mindesten gedank-
lich, wieder in Teilformen zerschellen, und so geht es in infinitum fort.
Punkte gibt es in dieser Körperwelt nicht. Eine Aussage von der Art:
„Dieser Fixstern ist ein ausdehnungsloser mathematischer Punkt, der leuch-
tet", ist sinnlos. Ferner gibt es in der Körperwelt nur absolute Größen; jede
Form hat ihre bestimmte Größe, und man kann einen Körper nicht ver-
größern, ohne seine Materialkonstanten zu verändern.

Von diesem „Raum" der Außenwelt können wir mit Verwendung
heutiger Terminologie sagen, daß er gegen das Unendlichkleine zu offen ist.
Er besteht aus ineinandergeschachtelten Formen, die beliebig klein werden,
aber der Grenzfall, der Punkt, wird nicht erreicht. Hieraus folgert nun
Plotin, daß das diesen Formen Zugrundeliegende, was erst die eigentliche
Materie wäre, nicht vorhanden ist. Man kann von ihm bloß Scheinaussagen
machen; etwa wie man sagen kann: „Ich sehe die Finsternis", so kann man
auch sagen: „Ich denke die Materie." Aber es ist kein Sehen und kein

74

Denken mehr, sondern eine leere Abstraktion, ähnlich dem „Sein" der Materie.

Diese Raumlehre kann man noch deutlicher machen, wenn man sie auf eine Dimension reduziert. Man denke sich auf einer Geraden, die mit einer gewöhnlichen Skala versehen ist, die Gesamtheit der Strecken, deren Grenzpunkte rationale Abszissen haben. Betrachtet man eine solche Strecke, etwa die von 0 nach 1, so ergibt sich, daß sie in zwei Teile geteilt ist durch den Mittelpunkt, der selber rational ist, nämlich 1/2. Jede dieser Teilstrecken ist wieder geteilt, und das geht ins Unendliche. Trotzdem kommt man nie zu einem Punkt, sondern man bleibt im Gebiet der Strecken, die aus einem Anfang, einem Ende und einer Mitte zwischen diesen beiden Grenzen bestehen. Die Punkte kommen wohl als Grenzen vor, aber die Strecken sind nicht Punktmengen. Auch ist zu erwähnen, daß sich Strecken überkreuzen können, wie z. B. die Strecke 1—3 die beiden Strecken 0—2 und 2—4.

Man darf sich nun aber nicht vorstellen, als seien diese Formen von vorneherein in einen euklidischen Raum gestellt. Die Auffassung Platos ist im Gegenteil die, daß diese Formen selbständig sind und den Raum aufspannen. Unser Verstand erst gibt den geometrischen Raum mit Hilfe der Phantasie und stellt die Formen hinein, und hier entfalten sie die ganze Buntheit ihrer Gestalten und Farben. Aber sie erscheinen hierinnen als bloße Objekte, als Gegenstände für die Wahrnehmung. Ein selbständiges Sein, auch das letzte Abstraktum, das die Zahl setzt, gibt es nicht im Raum, denn er ist kein Behälter für Subjekte. Der Satz: „Ein Subjekt befindet sich nicht an einer Stelle" ist so häufig bewiesen worden, daß ich auf eine Besprechung verzichten kann. Man lese die luzide Darstellung, die Euler in den Briefen an eine deutsche Prinzessin (92. bis 94. Brief) gibt.

Gerade da, wo die Kraft der Zahl ihr unteres Ende erreicht und das Reich der inaktiven, rein passiven Dinge anfängt, beginnt die Raumkraft zu wirken und läßt noch einmal eine Welt aufleuchten, geringer als die Welt der Subjekte, aber noch einmal fähig, die Kraft der Zahlen zu verwirklichen in der Symmetrie und der durch sie herbeigebannten Schönheit. Hier ist die Welt der Künste und aller ordnenden Tätigkeiten der Menschen, und nach Plato sind wir hier auf den Wachtposten gestellt, um in dieser Welt Ordnung und Harmonie zu schaffen. Das Ergötzen, das uns die Kunst gewährt, besteht darin, daß wir in der niedrigeren Welt der Objekte Kräfte anwenden können, die wir sonst nur für die Subjekte verwenden.

Daß der euklidische Raum in weitem Umfang, sowohl nach dem Großen als nach dem Kleinen zu, fähig ist, die Erscheinungen der Objekte zu beschreiben und zu umfassen, ist eine physikalische Tatsache, die durch das

Experiment erhärtet wird. Sie ist sonach in Parallele zu setzen mit der Eigenschaft der Gravitation und anderen physikalischen Erscheinungen, welche mathematisch beschrieben werden können. Daß das Gesetz viel weiter reicht, als ursprünglich angenommen werden konnte, und z. B. noch im Mikroskop stimmt, darf doch nicht über die prinzipielle Beschränktheit der Geltung täuschen. Vielleicht ist schon jetzt die Grenze erreicht, jedenfalls geht es aber nicht beliebig weit ins Unendlichkleine so weiter. In neuerer Zeit ist dieser Gedanke zum erstenmal von B. Riemann ausgesprochen worden. In seinem Habilitationsvortrag heißt es (2. Abschnitt, § 3, 2. Aufl., S. 285): „Nun scheinen aber die empirischen Begriffe, in welchen die räumlichen Maßbestimmungen gegründet sind, der Begriff des festen Körpers und des Lichtstrahls, im Unendlichkleinen ihre Gültigkeit zu verlieren; es ist also sehr wohl denkbar, daß die Maßverhältnisse des Raumes im Unendlichkleinen den Voraussetzungen der Geometrie nicht gemäß sind, und dies würde man in der Tat annehmen müssen, sobald sich dadurch die Erscheinungen auf einfachere Art erklären ließen."

Während für uns der feste euklidische Raum Behälter aller Materie ist, finden wir noch bei Euler diese Frage im Fluß. Das hat besonders sorgfältig E. Cassirer gezeigt („Das Erkenntnisproblem", 2. Aufl., Bd. 2, S. 472 ff.). Danach sagt Euler in seiner „Mechanik": „Wir behaupten gar nicht, daß es einen derartigen unendlichen Raum und feste und unbewegliche Abgrenzungen in ihm gebe, sondern, unbekümmert um sein Dasein oder Nichtsein, postuliren wir nur, daß derjenige, der die absolute Ruhe oder Bewegung betrachten will, sich einen solchen Raum vorstelle und danach über den Zustand der Ruhe oder Bewegung urteile. Diese Erwägung stellen wir nämlich am bequemsten in der Weise an, daß wir von der Welt ganz absehen und uns einen unendlichen leeren Raum denken, in dem die Körper sich befinden." Und in der „Theoria motus" sagt Euler (§ 123, übersetzt bei Cassirer, l. c., S. 485): „Der Ort ist etwas, was von den Körpern nicht abhängt, ebensowenig aber ein bloßer Verstandesbegriff; was er aber außerhalb des Verstandes für eine Realität besitzt, das möchte ich nicht zu bestimmen wagen, wenngleich wir in ihm irgendeine Art Realität anerkennen müssen. Wenn aber die Philosophen alle Realitäten in bestimmte Klassen teilen und beweisen, daß der Ort zu keiner von ihnen gehöre, so möchte ich lieber glauben, daß diese Klassen aus Mangel gründlicher Einsicht von ihnen zu Unrecht aufgestellt worden sind."

Eulers Lehre beruht auf dem Grundgedanken, daß die Physik den euklidischen Raum fordert. Und Gauß, der sich von der mathematischen Möglichkeit eines nichteuklidischen Raumes überzeugt hatte, läßt bei der Landesvermessung die Winkel eines Dreiecks messen, um sicher zu sein, daß die Winkelsumme innerhalb der erreichbaren Genauigkeit 180 Grad beträgt.

(Vgl. Gauß, Werke, Bd. 8, S. 267: „man wisse aus der Erfahrung z. B. aus den Winkeln des Dreiecks Brocken, Hohehagen, Inselsberg", daß die Winkelsumme zwei Rechte betrage.)

Hiemit kann man noch die Lehre von der Coincidentia oppositorum zusammenhalten, welche Cusanus in der „Docta ignorantia" entwickelt. Danach kann der Mensch das Maximum nirgends erkennen. Wäre nun die Außenwelt wirklich in einen euklidischen Raum eingepackt, so hätte man darin eine absolute, durch Erfahrung niemals zu verifizierende Erkenntnis. Man kennte die metrischen Verhältnisse der Materie im Beliebig-Kleinen. Das ist aber nach der Cusanischen Lehre unmöglich.

Alle die genannten Mathematiker stimmen also darin überein, daß die Geltung des euklidischen Raumes ein physikalisches Gesetz ist, das bloß soweit gilt, als die Experimente eine Bestätigung ergeben.

GOETHES FARBENLEHRE

Wenn man Goethes wissenschaftliche Leistungen würdigen will, tut man gut, davon abzusehen, daß er auch Dichter gewesen ist. Denn unsere Vorstellung von der Kunst wirft die übelsten Aspekte auf die Wissenschaft, und Goethe selber klagt darüber, daß man ihn als Gelehrten nicht ernst nehme, weil er Dichter sei. Daß er aber einer der gelehrtesten Leute seiner Zeit gewesen ist und daß er den größten Teil seiner Arbeitszeit auf die Wissenschaften verwendet hat, ist bekannt.

Aber auch wenn man seine naturwissenschaftlichen Entdeckungen für sich betrachtet, so darf man sie doch nicht ohne weiteres mit unseren Augen ansehen und ihn als Begründer oder Förderer der physiologischen Farbenlehre oder der Entwicklungslehre bezeichnen. Das verbietet schon seine Polemik gegen Newton, die er als den eigentlichen Kern seiner Arbeiten ansieht.

Vor aller Spezialuntersuchung muß man sich über seine Stellung zu der Naturwissenschaft, zu ihren Aufgaben und Methoden, klarzuwerden suchen. Sehen wir uns zu diesem Zweck den Hauptvorwurf gegen Newton genauer an: er lege ein abgeleitetes Phänomen, nämlich das Spektrum, seiner Farbenlehre zugrunde. Gibt es in der Newtonschen Farbenlehre oder überhaupt in den positiven Wissenschaften Unterschiede zwischen abgeleiteten und Urphänomenen? Zweifellos nicht; nimmt man die Korpuskulartheorie oder die Wellenlehre an, in beiden Fällen werden die Phänomene erklärt durch die Bewegung hypothetischer Materien, und jedes Phänomen, das sich daraus ableiten läßt, ist gleichberechtigt. Vielleicht findet man ein zwischen den beiden Lehren entscheidendes Experiment, aber dann ist es kein Urphänomen, sondern es wird wieder in eine Reihe weiterer Phänomene eintreten, und das geht so lange weiter, bis man gezwungen ist, nach einem neuen Erklärungsprinzip zu suchen.

Goethe hat also die Naturwissenschaft nach völlig andern Prinzipien aufgebaut als die übrigen Physiker. Von vorneherein ist es klar, daß er seine Auffassung nicht völlig aus sich selber hat. Denn das würde jedes menschliche Maß übersteigen. Man muß ihn also irgendwie einordnen, und da ergibt sich von selbst die vorcartesische Wissenschaft.

Von größtem Einfluß auf Goethes Denkweise ist Plotin gewesen. In einer später umgearbeiteten Fassung eines Stückes des 6. Buches von „Dichtung und Wahrheit", 2. Teil, findet sich folgender Passus: „..., da mir denn auf einmal wie durch eine Inspiration, Plotin ganz außerordentlich gefiel, so daß ich mir seine Werke borgte und nunmehr zum größten Verdruß meines Freundes Tag und Nacht darüber lag. Er versicherte mir dagegen anhaltend, daß diese Werke ganz unverständlich seien und gerade das Unverständliche bei jungen und schwärmerischen Personen einen solchen unwiderstehlichen Reiz hervorbringe. Ich suchte ihn durch Übersetzung von solchen Stellen zu überzeugen, die mir am besten gefielen und die ich vollkommen zu verstehen glaubte; allein auch damit konnte ich nichts über ihn gewinnen: denn er behauptete entweder, daß er es auch im Deutschen nicht verstehe, und wenn es verständlich war, daß es im Grundtext nicht also laute. Er war kein sonderlicher Grieche, ich auch nicht; ich suchte mich dem Text durch die lateinische Übersetzung zu nähern und kam wohl zu eigener Überzeugung, aber blieb mit jenem immerfort im Zwiespalt, so daß er zuletzt der Sache müde wurde und wir unsere Studien, jeder für sich, weiter führten. Eine Zeitlang hielt mich Plotin noch fest; denn diese Sinnesart war doch mit dem auf das Judentum gepflanzten Christentum, dem ich doch auch den größten Teil meiner Bildung schuldig war, gepflanzt; allein es häuften sich nach und nach so viele Schwierigkeiten und mir verging die Geduld, in dunklen Stellen zu wühlen und mir heimlich zu bekennen, daß der Freund doch nicht so ganz unrecht haben möchte." (Werke, Weimarer Ausgabe, Bd. 27, S. 382.)

Vor allem wichtig ist Plotins Kunstlehre für ihn geworden. Die klassische Stelle in der 5. Enneade, 8. Buch, hat er übersetzt und an Zelter übersandt (1805), ferner seinen Maximen und Reflexionen, 5. Abteilung, einverleibt. Ich möchte zwei Abschnitte wiedergeben:

„Wollte aber jemand die Künste verachten, weil sie der Natur nachahmen, so läßt sich darauf antworten, daß die Naturen auch manches Andere nachahmen; daß ferner die Künste nicht das geradezu nachahmen, was man mit Augen sieht, sondern auf jenes Vernünftige zurückgehen, aus welchem die Natur bestehet und wornach sie handelt."

„Ferner bringen auch die Künste vieles aus sich selbst hervor und fügen andrerseits manches hinzu, was der Natur an Vollkommenheit abgeht, indem sie die Schönheit in sich selbst haben. So konnte Phidias den Gott bilden, ob er gleich nichts sinnlich Erblickliches nachahmte, sondern sich einen solchen in den Sinn faßte wie Zeus selbst erscheinen würde, wenn er unsern Augen begegnen möchte."

Goethe läßt uns nicht im Zweifel, daß diese Ansicht auch die Seinige ist. Aber die weiteren Konsequenzen Plotins, daß nämlich die Natur und die Kunstwerke prinzipiell geringerer Natur sind, als das Urbild, das der Künstler im Geist hat, zieht er nicht mehr. „Eine geistige Form wird keineswegs verkürzt, wenn sie in der Erscheinung hervortritt, vorausgesetzt, daß ihr Hervortreten eine wahre Zeugung, eine wahre Fortpflanzung sei. Das

Gezeugte ist nicht geringer als das Zeugende, ja es ist der Vorteil lebendiger Zeugung, daß das Gezeugte vortrefflicher sein kann als das Zeugende."

Im Grunde ist diese Wertschätzung der schönen sinnlichen Welt ganz im Sinne Plotins, der die Weltverachtung der Gnostiker energisch bekämpft hat und bei dieser Gelegenheit herrliche Worte über die Natur findet. Trotzdem ist praktisch der Unterschied zwischen den beiden Gelehrten nicht zu übersehen. Erinnern wir uns an die beiden Wege, welche die Dianoia nach Proklus zurücklegen kann, so werden wir bei Plotin stets den absteigenden Weg bevorzugt finden, der von den Ideen nach dem Sinnlichen führt, Plotin denkt dialektisch, bei Goethe dagegen stets den aufsteigenden, der von der empirisch gegebenen Wirklichkeit nach der Idee zu führt. Die Methode Goethes ist daher diejenige der Epistrophè der Zusammenfassung und Zurückführung auf ein Letztes, auf das Urphänomen. Der Übergang vom Sinnlichen zum Gedanklichen wird nie eigentlich ausgeführt; denn auch das Urphänomen ist noch ein sinnlich Wahrnehmbares, obgleich es von Gedanklichem gänzlich durchtränkt ist, wie wir nachher sehen werden. Das Mittel, womit er dieses Kunststück zustande bringt, hat Plotin auch gekannt. In demselben Buch über die intelligible Schönheit findet sich folgender Abschnitt (V, 8, 6): „Die ägyptischen Weisen gaben eine Probe ihrer überlegenen Wissenschaft oder eines wunderbaren Instinktes, als sie zur Verkündung ihrer Lehre sich nicht der Buchstaben bedienten, welche Worte und Sätze ausdrücken, die ihrerseits Töne und Aussagen darstellen, sondern als sie die Gegenstände durch Hieroglyphen wiedergaben und symbolisch durch besondere Zeichen in ihren Mysterien repräsentierten. Jede Hieroglyphe konstituierte so eine Gattung von Wissen und Weisheit und brachte die Sache in synthetischer Weise vor die Augen, ohne diskursiven Verstand noch logische Analyse. Hierauf bildeten sie diese synthetische Erkenntnis durch weitere Zeichen ab, welche die Lehre entwickelten und diskursiv ausdrückten, welche ferner die Ursachen angaben, warum die Dinge so gemacht sind, wenn ihre schöne Ordnung unsere Bewunderung erregt."

Von diesen Hieroglyphen hat Goethe schon in dem Aufsatz: „Plato als Mitgenosse christlicher Offenbarung" aus dem Jahr 1796 gesprochen, der ganz plotinische Gedanken über die Kunst enthält. In der Farbenlehre werden sie zum Hauptzweck. Im Vorwort schon heißt es:

„... und so entsteht eine Sprache, eine Symbolik, die man auf ähnliche Fälle als Gleichnis, als nahverwandten Ausdruck, als unmittelbar passendes Wort anwenden und benutzen mag. Diese universellen Bezeichnungen, diese Natursprache auch auf die Farbenlehre anzuwenden, durch die Mannigfaltigkeit ihrer Erscheinungen zu bereichern, zu erweitern und so die Mitteilung höherer Anschauungen unter den Freunden der Natur zu erleichtern, war die Hauptabsicht des gegenwärtigen Werkes."

Ferner steht in § 755:

„Am wünschenswertesten wäre jedoch, daß man die Sprache, wodurch man die Einzelheiten eines gewissen Kreises bezeichnen will, aus dem Kreise selbst nähme; die einfachste Erscheinung als Grundformel behandelte, und die mannigfaltigeren von daher ableitete und entwickelte."

§ 757: „Vielleicht finden wir künftig Raum, durch eine solche Behandlung und Symbolik, welche ihr Anschauen jederzeit mit sich führen müßte, die elementaren Naturphänomene nach unserer Weise aneinander zu knüpfen, und dadurch dasjenige deutlicher zu machen, was hier nur im allgemeinen und vielleicht nicht bestimmt genug ausgesprochen worden." Hierzu vergleiche man auch den Aufsatz: Studie nach Spinoza (Werke, Abt. 2, Bd. 11, S. 316).

Folgen wir nun dem eigentlichen Gang der Goetheschen Darstellung genauer und suchen wir uns die Anodos zu verdeutlichen. Zunächst werden die Farbenerscheinungen gesondert behandelt als physiologische, physische und chemische. Aber gleichzeitig sind sie in einer stetigen Reihe dargestellt, und dadurch sind die Abteilungen wieder für ein höheres Anschauen aufgehoben. Aus der unendlichen Mannigfaltigkeit der Farben hebt sich ein Farbenkreis heraus, eine eindimensionale Mannigfaltigkeit, welche ihrerseits auf ein Farbensechseck zurückgeführt wird. Die ersten Farben sind Blau und Gelb. Ihre Mischung ergibt Grün. Man kann aber die beiden ersten Farben in sich steigern, wodurch sie einen rötlichen Schein bekommen, und erhält Violett und Orange. Durch weitere Steigerung nähern sich diese Farben und ergeben in ihrer höchsten Intensität das eine Hochrot, das Goethe feierlich als Purpur bezeichnet.

Aber diese Sphäre der Farben ist nicht die oberste. Darüber steht das Licht, das sie erzeugt: die Farben sind Taten des Lichtes, Taten und Leiden. Über das Licht selber will Goethe nicht sprechen. „Denn eigentlich unternehmen wir umsonst, das Wesen eines Dinges auszudrücken. Wirkungen werden wir gewahr, und eine vollständige Geschichte dieser Wirkungen umfaßte wohl allenfalls das Wesen jenes Dinges. In diesem Sinne können wir von den Farben Aufschlüsse über das Licht erwarten." Das reine Licht bleibt für Goethe etwas Geheimnisvolles, und ähnlich wie bei Plotin und bei Dante verwischen sich hier die Unterschiede zwischen Materiellem und Geistigem. Das Urphänomen ist für ihn das Farbensechseck, und „die Urphänomene lasse der Naturforscher in ihrer ewigen Ruhe und Herrlichkeit dastehen, der Philosoph nehme sie in seine Region auf" (§ 177). Dagegen ist der in der Naturforschung begangene Fehler sehr groß, daß man, wie Newton, ein abgeleitetes Phänomen an die obere Stelle, das Urphänomen an die niedere Stelle setzt. „Durch dieses Hinterstzuvörderst sind die wunderlichsten Verwicklungen und Verwirrungen in die Naturlehre gekommen" (§ 176). „Das Urphänomen steht unmittelbar an der Idee und erkennt nichts Irdisches über sich." Aber es ist etwas Irdisches; mit dieser Erkenntnis wird der zweite Teil des „Faust" eröffnet. Den Anblick des Lichtes können wir nicht ertragen; dafür dürfen wir sein Abglänzen, sein Abklingen genießen, nämlich die Farben. Das Göttliche selber können wir nicht fassen; unser Revier ist sein Abglanz, das Leben. Die Stimmung zu Beginn des Dramas ist weder resigniert, noch demutsvoll, sondern optimistisch und lebensbejahend. Das sublunarische Treiben soll der Schauplatz sein, nicht wie bei Dante das Supralunarische. Darum sagte Goethe am 3. Dezember 1824 zu Eckermann: „Ihnen soll das Studium dieses Dichters von Ihrem Beichtvater hiermit durchaus verboten sein." Goethe hat Dante ernst genommen, aber sein Unternehmen mißbilligt, weil es den menschlichen Kräften nicht angemessen ist. Eckermann soll bei den Farben bleiben und sich nicht verleiten lassen, Versuche mit dem Licht zu machen.

Ein Urphänomen durchzieht auch die Wahlverwandtschaften, die von Goethe gleich nach dem Abschluß der Farbenlehre geschrieben wurden. Jedermann kennt es: zwei Paare, AB und CD, trennen sich und verbinden sich übers Kreuz zu AC und BD. Es wäre verfehlt, wollte man dieses Schema als ein bloßes Abstraktum bezeichnen. Goethe sieht darin vielmehr eine Kraft, welche in der Natur sich in mannigfaltiger Weise auswirkt. Während der Vorgang in der Chemie glatt verläuft, greift er in der menschlichen Sphäre bei den Beteiligten ans Lebensmark und richtet zwei derselben zugrunde. Die Majestät des Goetheschen Werkes wird man nur empfinden, wenn man es als Beschreibung eines sich vollziehenden Urphänomens begreift, analog einem Sonnenuntergang.

Obschon die Farben Wirkungen einer höheren Kraft sind, so bilden sie doch ein selbständiges Reich, das auf eigenem Boden ruht. Die Verfassung dieses Reiches gibt Goethe in folgenden Worten wieder:

„Zwei reine ursprüngliche Gegensätze (Blau und Gelb) sind das Fundament des Ganzen. Es zeigt sich sodann eine Steigerung, wodurch sie sich beide einem dritten nähern; dadurch entsteht auf jeder Seite ein Tiefstes und ein Höchstes, ein Einfachstes und Bedingtestes, ein Gemeinstes und ein Edelstes. Sodann kommen zwei Vereinigungen (Vermischungen, Verbindungen, wie man es nennen will) zur Sprache; einmal der einfachen anfänglichen, und sodann der gesteigerten Gegensätze" (§ 707).

Der Gang der wissenschaftlichen Untersuchung ist dagegen ein Aufstieg. Auch sie wird in einer Weise beschrieben, die mit der Darstellung von Proklus übereinstimmt und die Hierarchie der Erscheinungen klar zum Ausdruck bringt:

„Das was wir in den Erscheinungen gewahr werden, sind meistens nur Fälle, welche sich mit einiger Aufmerksamkeit unter allgemeine empirische

Rubriken bringen lassen. Diese subordinieren sich abermals unter wissenschaftliche Rubriken, welche weiter hinaufdeuten, wobey uns gewisse unerläßliche Bedingungen des Erscheinenden näher bekannt werden. Von nun an fügt sich alles nach und nach unter höhere Regeln und Gesetze, die sich aber nicht durch Worte und Hypothesen dem Verstande, sondern gleichfalls durch Phänomene dem Anschauen offenbaren. Wir nennen sie Urphänomene, weil nichts in der Erscheinung über ihnen liegt, sie aber dagegen völlig geeignet sind, daß man stufenweise, wie wir vorhin hinaufgestiegen, von ihnen herab bis zu dem gemeinsten Falle der täglichen Erfahrung niedersteigen kann" (§ 175).

Ist man nach mancher Erfahrung und Übung von der Idee dieser Harmonie völlig durchdrungen, so wird man imstande sein, die Erscheinungen auf diesem Wege abzuleiten und zu erklären. Und das zeigt Goethe an vielen Beispielen. Die Aufeinanderfolge der Farben wird am Durchwandern des Farbenkreises erläutert. So erscheinen beim Anlaufen des Stahles die Farben vom Gelb über Rot bis zum Blau (§ 485). Überhaupt scheint die wahre Vermittlung vom Gelben und Blauen nur durch das Rote zu geschehen. Aber im Organischen gibt es eine Durchwanderung des Kreises vom Roten durch das Gelbe, Grüne und Blaue bis zum Purpur (§§ 539, 540), nämlich beim Saft der Purpurschnecke (§ 640).

Neben diesen Anwendungen des kontinuierlichen Kreises finden sich weitere Taten des Lichtes, welche durch das diskontinuierliche Farbensechseck beschrieben werden können, es ist die sinnlich-sittliche Wirkung der Farben. Komplementärfarben liegen im Kreis einander gegenüber, sie führen *Totalität* mit sich; nimmt man dagegen Farben desselben Trigons, d. h. Farben des Sechsecks, welche durch Überspringen einer Farbe aufeinander folgen, so erhalten wir die *charakteristischen Zusammenstellungen;* nimmt man schließlich benachbarte Farben, so kommt man zu den *charakterlosen Zusammenstellungen.*

Das Schema des Sechsecks deutet nach Goethe Urverhältnisse an, die sowohl der menschlichen Anschauung als der Natur angehören (§ 918). Mit einigen geheimnisvollen Andeutungen schließt Goethe den didaktischen Teil. Die Anodos ist vollzogen. Aus der untergeordneten Farbenmannigfaltigkeit schreitet sie über die kontinuierliche Kreisperipherie zum regulären Sechseck und von da zur Idee der zwei verschlungenen Dreiecke.

Diese Anordnung ist keinesfalls bloß dichterischem Schönheitssinn zuzuschreiben, sondern sie ist der eigentliche Gehalt der Goetheschen Farbenlehre. Um *sie* geht es, nicht um die Experimente. Nur wenn man das erfaßt hat, kann man die hartnäckige Fehde gegen Newton verstehen. Noch im späten Alter hat Goethe in seinen meteorologischen Aufsätzen diese Methode ver-

herrlicht. In dem Gedicht auf Luke Howard, welches in der Mitte der
Schrift angebracht ist, heißt es:

> „Dich im Unendlichen zu finden,
> Mußt unterscheiden und verbinden;
> Drum danket mein beflügelt Lied
> Dem Manne, der Wolken unterschied.
> Was sich nicht halten, nicht erreichen läßt,
> Er faßt es an, er hält zuerst es fest;
> Bestimmt das Unbestimmte, schränkt es ein,
> Benennt es treffend! — Sei die Ehre Dein! — "

Nachdem wir den Zusammenhang Goethescher Farbenlehre mit dem
Neuplatonismus beleuchtet haben, bleibt noch das Verhältnis zur Mathematik
übrig. Goethe betont oft genug, er habe sie von ihr ferngehalten, und zwar
versteht er das im Sinne der Hieroglyphen: die Phänomene selber sind die
Worte, aus denen seine Lehre besteht. Aber dem steht gegenüber, daß mathematische Figuren das eigentliche Vehikel seiner Lehre sind und daß er die
Farben schließlich bis zur Idee des Sechseckes im platonischen Sinne hinauf-
führt. Wenn er gelegentlich von einer exakten sinnlichen Phantasie (Stieden-
roth, Psychologie, Werke, Abt. 2, Bd. 11, S. 75) spricht, so ist unter dem
Wort „exakt" offenbar doch etwas Mathematisches verstanden; nur will er
es nicht herauslösen aus den Erscheinungen. Uns scheint das nur noch eine
Frage der Benennung zu sein. Ja, wenn Goethe die Idee des Kreises aus den
Farbenphänomenen geschöpft hätte, dann ließe sich darüber reden; aber in
Wirklichkeit stammt das ganze Schema offenkundig aus der Astrologie und
ist von dort herübergenommen. Man sieht das besonders an den Aspekten,
welche die Farben im Sechseck miteinander bilden, aber auch aus den Ausdrücken „Culmination", „Zenith" (§ 524), „Plus- und Minusseite" und
vielen anderen.

Aber diese Art, die Mathematik zu verwenden und die Farbenmannigfaltigkeit damit aufzubauen, hat mit der physikalischen nichts gemein. Dem
Naturforscher kommt es auf die Natur, nicht auf den Beobachter an. Darum können ihm die Farben kein Letztes sein. Die Newtonsche Lehre hat in
ihrer Entwicklung zur Erweiterung des Spektrums geführt, zu infraroten
und ultravioletten Strahlen, und die Tatsache, daß unser Auge gerade eine
bestimmte Oktave der Skala als Farbe empfindet, hat für sie nur akzi-
dentelle Bedeutung. Gerade die wichtigsten Gesetze, nämlich die Serien in
den Linienspektren, kümmern sich nicht um die Schranken, die dem Auge
gesetzt sind. Für eine Farbenlehre, die sich auf das Sehen, auf das Subjekt
gründet, sind sie nicht zu verwenden.

Von der sichtbaren Welt geht Goethe aus, und hier schließen sich die
beiden Enden des Spektrums, das äußerste Rot und das äußerste Violett,

stetig aneinander an, sie sind nicht um eine Oktave voneinander getrennt,
der Übergang läßt sich am Experiment als ein kontinuierlicher nachweisen.
Die Farben bilden einen Kreis, keine Strecke. Goethes Farbenlehre ist keine
Physik, keine Naturwissenschaft, sondern eine Beschreibung von Seelenkräften. „Und so erbauen wir aus diesen Dreien (nämlich aus Hell, Dunkel
und Farbe) die sichtbare Welt und machen dadurch zugleich die Malerei
möglich, welche auf der Tafel eine weit vollkommenere sichtbare Welt als
die wirkliche sein kann, hervorzubringen vermag." So heißt es in der ganz
neuplatonisch gedachten Einleitung. Die Prinzipien Goethes werden um so
wirksamer, je mehr wir uns dem Geistigen nähern, und ihre volle Kraft
entfalten sie erst in der Malerei.

Nun ergibt sich die Einordnung der Farbenlehre von selbst. Sie ist eine
Geisteswissenschaft, welche zur Kunst gehört, analog der Harmonielehre.
Was für die Musik durch die Bildung der Tonleiter und der Konsonanzen
schon in uralten Zeiten geleistet worden ist, das will Goethe für die Farben
tun. Die Erfahrungen der Maler sollen zu einer zusammenhängenden Lehre
gebracht werden. Sie gehört der Epistrophè an, und von hier aus ist ihre
Beziehung zur Mathematik zu verstehen. Dieselben Gebilde, die bei der
mathematischen Prohodos entstanden sind, werden von der Kunst um ihrer
selber willen verwendet. Sie werden auf ihre Kräfte geprüft und gewinnen
Schönheit. Aus den formalen Symmetrien werden farbige, phantasie-
erregende Figuren; die Kreise und Sechsecke werden durch die Zurückwendung selber farbenhaltig. Ihre Wandelbarkeit, ihre Eignung zur Meta-
morphose ist erstaunlich. Man betrachte die vielen Gestalten, die schon ein
einfaches Ornament unter den Händen bedeutender Künstler annehmen
kann, und man denke an die Bare in der Musik. Ein und dasselbe mathematische Gebilde erstrahlt in unzähligen Individualisierungen, gleich wie die
eine Kraft der Schwere das Wasser in den Flüssen bewegt, die Steine den
Berg hinabrollt und die Planeten in ihren Bahnen kreisen läßt. Die Kräfte
der Kunst sind aber nicht kosmische, denn diese gehören der Welt der Objekte an, sondern wirklichkeitsetzende Seelenkräfte, die zum Subjekt gehören
und seine Außenwelt als eine schöne Welt, als einen Kosmos, aufbauen.
Zu zeigen, was die Farben hierzu beitragen, ist der Inhalt von Goethes
Farbenlehre.

ÜBER DIE ASTROLOGIE

Wenn in früheren Jahrhunderten ein Komet erschien, war es Pflicht der Stadtmathematiker und Astronomen, ein Prognostikon zu schreiben. Ein solches verfaßte denn auch 1680 Professor Peter Megerlin in Basel, der Vorgänger Jakob Bernoullis. Nachdem er den Lauf des Kometen beschrieben hatte, fuhr er also weiter: „Daß nun ein solch schröckliches Spectaculum am Himmel nicht auch seine sonderbare wichtige Bedeutung großer Änderungen und unvermuthlicher Zufählen auf Erden habe, wird kein Verständiger es leicht widersprechen können." Und nun folgten schlimme Weissagungen, aber auch fromme Ermahnungen.

Ein Jahr später erschien eine Schrift des jungen Jakob Bernoulli: „Wie man den Lauf der Kometen vorhersagen könne ... samt angehencktem Prognostico". Der erste Teil gibt eine wissenschaftliche Darstellung der Kometen-bahnen, das Prognostikon ist aber eine Parodie auf Megerlin. Da heißt es unter Punkt 12: „Demnach er (der Komet) ferner Andromedae linke Schulter geritzet, sind dadurch der Jungfrauen Europae beide Arme heftig aufgeschwollen und wird es sonderlich aus dem linken einen seltsamen Ausbruch nemmen mit Totenköpfen und allerhand greulichen Sachen: wie jenem Leineweber bei uns ehemals widerfahren."

In diesem unrespektierlichen Ton geht es weiter. Man sieht an diesem kleinen Geschichtchen deutlich, wie grausam die Cartesische Wissenschaft in der bewährten Überlieferung aufgeräumt hat. Als ein Jahr später, 1682, wieder ein Komet erschien, verfaßte Theodor Zwinger das Prognostikon; er läßt darin deutlich durchblicken, daß er für die moderne Lehre ist. Nachdem er von erschröcklichen Mordtaten großer Herren, unvermeidlichen Pestilenzen und darauf erfolgendem unbeschreiblichem Hunger gesprochen hat, fährt er fort: „Obwohlen aber auf solche Astrologische Wahrsagungen eben nichts zu halten, so ist doch zu glauben, daß ein jeder rechtgesinnte Christ ihme solche ungewohnte Himmelsgesichte als Vorbild des zornigen Gottes fürstelle ..."

Seit dieser Zeit ist die Überzeugungskraft der Astrologie gebrochen. Wenn ich im folgenden von dieser untergegangenen Wissenschaft handeln will, so muß ich vor allen Dingen meine Stellungnahme zu ihr präzisieren. Es sind deren viele möglich, insbesondere aber drei, die ich an einem andern Beispiel, nämlich an der Auffassung der Homerischen Dichtungen, erläutern will. Man kann an die griechischen Götter glauben und in der Ilias und Odyssee wahre Berichte sehen, oder man kann in den Göttern teuflische Dämonen erkennen und Homers Epen als verderbliche Lektüre verwerfen; schließlich kann man sich auch von vornherein darüber klar sein, daß weder Athene noch Zeus existieren, und dieser letztere Standpunkt ist der aller vernünftigen Leute von heutzutage, vielleicht ist er auch von dem Homerischen selber nicht sehr verschieden. Der Wertschätzung Homers hat dieser Verzicht nicht im geringsten geschadet; sie ist unabhängig davon, ob die Wahrheit des Inhaltes bejaht oder verneint wird.

Die drei eben skizzierten Standpunkte werden in der Astrologie heute noch von den verschiedenen Interessenten eingenommen. Einige sehen darin Offenbarungen uralter Weisheit, andere ein höchst verwerfliches Hokuspokus bewußter Betrüger. Einige wenige suchen das Wertvolle darin zu erkennen, ohne an die objektive Wahrheit der Regeln zu glauben; dies wird auch mein Standpunkt sein.

Man sagt gewöhnlich, die Astrologie leugne den freien Willen und damit implizite die Moral. Das ist jedoch nicht richtig; dasselbe könnte man der heutigen Wissenschaft vorwerfen; denn auch sie behauptet, daß die Materie und damit der menschliche Körper den Naturgesetzen, d. h. partiellen Differentialgleichungen zweiter Ordnung, gehorcht. Vielmehr hat gerade die Astrologie schon die wahre Lösung gefunden. Gewiß wird jeder Mensch mit einer bestimmten körperlichen Konstitution geboren, mit Anlagen und Talenten, ferner sind seine äußeren Schicksale in hohem Grad durch den Ort und die gesellschaftliche Schicht bestimmt, in denen er geboren ist. Als moralische Persönlichkeit soll er aber mit diesen vorgegebenen Bedingungen möglichst tugendhaft leben. In diesem Sinne erzählt der italienische Philosoph Campanella in seinem durchaus astrologisch regierten „Sonnenstaat" (geschrieben 1620):

„Eins aber glaube ich erwähnen zu sollen, daß die Solarier an den freien Willen des Menschen glauben. Sie sagen: wenn ein erhabener Philosoph vierzig Stunden lang von seinen Feinden grausam gefoltert werden konnte, ohne daß es möglich war, ihm auch nur ein Wort von dem zu entreißen, was man aus seinem Munde vernehmen wollte, und daß von ihm nicht das geringste Geständnis zu erpressen war, weil er sich nun einmal vorgenommen hatte, zu schweigen, so ist doch klar, daß die Sterne nicht imstande sind, uns zu zwingen, gegen unseren Willen zu handeln." Dieselben Ansichten findet man bei Plotin und Dante.

Von religiöser Seite kann also kein ernstlicher Einwand erhoben werden. Dieser kommt vielmehr von der wissenschaftlichen Seite und ist hier allerdings überwältigend. Wer weiß, was für eine Mühe es auch heute noch den größten Observatorien macht, ein Minimum von Licht und Energie von den Planeten zu erhalten, der kann nicht an einen physischen Einfluß derselben glauben. Und nimmt man die Gesetze der Astrologie in genauen Augenschein, so sieht man eine solche Menge von Willkür und Pedanterie, daß sie der Kritik nicht standhalten können.

Die Astrologie ist die Lehre von der Macht der Gestirne. Sie entstand vielleicht gleichzeitig mit der Entdeckung der Gesetzmäßigkeit in den Himmelserscheinungen; jedenfalls ist sie älter, als unsere historischen Kenntnisse von den Ägyptern und Babyloniern reichen. Zu ihrem Verständnis muß man zwei Tatsachen kennen; erstens die tägliche Drehung des Himmels um eine Achse durch den Polarstern, zweitens die Bahn der Planeten, die Ekliptik. Die sieben beweglichen Sterne, Sonne, Mond, Merkur, Venus, Mars, Jupiter, Saturn, fahren nicht beliebig am Himmel herum, sondern bleiben stets in einer gewissen Zone von Fixsternen, deren zentrale Linie durch die Sonnenbahn, die Ekliptik, gegeben ist. Kein Planet entfernt sich weit von ihr. Sie ist kreisförmig und steht schief zum Äquator, hierauf beruht der Unterschied der Jahreszeiten und damit das Entstehen und Vergehen des Vegetativen. Das ergibt die Grundthese der vorcartesischen Naturwissenschaft: die Ekliptik beherrscht das Entstehen und Vergehen, während die tägliche Achsendrehung (der Äquator) die Kontinuität des Geschehens garantiert.

Wenn man dieses wohlfundierte Gesetz annimmt, so muß allem, was auf der Erde geschieht, eine bestimmte Konstellation am Himmel entsprechen, und es war nun die Aufgabe der Wissenschaft, diesen Zusammenhängen nachzugehen. Mit was für Mitteln man in vorgriechischer Zeit an diese Probleme ging, läßt sich schwerlich mehr feststellen. Aber für die spätere Zeit liegen genug Dokumente vor. Das klassische Lehrbuch der Astrologie ist die „Tetrabiblos" von Claudius Ptolomäus, ein hochbedeutendes Werk, dessen Studium sich lohnt. Leider gibt es noch keine neuere kritische Ausgabe, geschweige denn eine genügende Übersetzung. Früher war es eines der am häufigsten gedruckten Bücher. Die Methode ist eine Mischung von Spekulation und Empirie, also ähnlich der Art, wie etwa Dante die Kosmographie betrieben hat. Die Statistik ist erst in neuerer Zeit, besonders durch Cardanus, aufgekommen. Er wollte durch Vergleich der Lebensschicksale bekannter Menschen mit ihrem Horoskop allgemeine Regeln finden. Kepler hat auf diesem Weg insbesondere Zusammenhänge mit dem Wetter aufgesucht.

Die eigentliche Leistung der Horoskope ist der Aufbau eines Menschen, die Anthropologie im weitesten Sinne des Wortes. Es handelt sich also sowohl um die Leibesbeschaffenheit als um die Anlagen und Talente, ferner um die Lebensperioden, die Zeiten der Depression und die Zeiten des Glückes. Und hier ist die Astrologie eine Methodus inveniendi, wie sie nicht besser erfunden worden ist. Was für Charaktere auf diesem Wege in der

Phantasie großer Astrologen entstanden sind, kann man an vielen uns erhaltenen Gutachten ersehen, allen voran am Keplerschen Horoskop Wallensteins. Wie viele Menschen früherer Zeiten werden auf diesem Weg ihren Charakter erhalten haben! Glaubten sie an diese Wissenschaft, so mußte eine unwiderstehliche Kraft von einer Deutung ihrer Geburtskonstellation ausgehen; und bekanntlich glaubten sie daran.

Die Prinzipien der Astrologie beruhen in folgendem:

1. Die Zeichen des Tierkreises: Die Ekliptik wird vom Frühlingspunkt in zwölf gleiche Teile von je 30 Grad eingeteilt. Diese Zeichen werden nach den Sternbildern bezeichnet, die vor zirka 2000 Jahren in sie fielen. Heute ist infolge der Präzession der Äquinoktien eine Verschiebung um ein Zeichen nach vorne eingetreten. So befindet sich heute im Zeichen des Widders das Sternbild der Fische, Antares im Skorpion befindet sich im Zeichen der Waage usw. Aber das macht den Astrologen keine Sorge.

2. Die astrologischen Häuser: Die Stelle der Ekliptik, welche im Moment der Geburt am östlichen Horizont aufgeht, heißt der Aszendent. Von ihm aus wird die Ekliptik ebenfalls in zwölf Teile geteilt. Früher waren sie gleich lang; seit Regiomontanus bedient man sich einer komplizierteren Einteilung, der sogenannten inäqualen Manier. Diese Teile heißen die Häuser; sie bilden die Fächer für das Schicksal. Die beiden Einteilungen überkreuzen sich; ein Haus kann vollständig in einem Zeichen enthalten sein, es kann sich aber auch über drei erstrecken. In dieses Schema hat man nun die Konstellation einzutragen; man muß notieren, wo sich die sieben Planeten im Geburtsmoment befinden.

3. Die Aspekte: Man muß feststellen, ob die Distanz zweier Planeten auf der Ekliptik gemessen einen der Winkel von 60 Grad (Sextil), 90 Grad (Quadratur), 120 Grad (Trigon), 180 Grad (Opposition) beträgt. Dabei wird nur eine Genauigkeit bis etwa 5 Grad verlangt.

Alles das kann heute mit Hilfe von kleinen Tabellen in wenigen Minuten ausgeführt werden. Jetzt gilt es, die Daten, die man so erhalten hat, zu beurteilen und daraus einen Charakter aufzubauen. Dazu hat man umfangreiche Tabellen, welche für alle Details Auskunft geben. Man wird etwa mit dem Aszendenten beginnen und schauen, in welchem Zeichen er liegt. Das liefert eine Anzahl von Eigenschaften. Hierauf wird man untersuchen, welche Planeten ins erste Haus fallen, welche auf den Aszendenten einen Aspekt werfen usw. Für alles geben die Tabellen gewisse Eigenschaften, die man sich merkt. Dann geht man an die weiteren Häuser und fährt fort; nach kurzer Zeit besitzt man ein großes Material. Vertieft man sich hinein, so wird sich — vorausgesetzt, daß man nicht von aller Phantasie verlassen ist — eine menschliche Figur herauskristallisieren mit Charakter, Körper und Schicksal. Ferner bekommt man die Überzeugung, daß dies das wahre

Wesen des Menschen ist, dessen Horoskop man stellt. Diese Tatsache ist nicht zu bestreiten; jedermann, der dieses Spiel betreibt, wird sie bestätigt finden. Ferner wird er auch folgende Erfahrung machen: Wenn er einige Horoskope vollständig durchgearbeitet hat, so wird er eine eigene Manier der Deutung gewinnen, er wird zum großen Teil „intuitiv" arbeiten. Das Gefühl, in das Wesen der Menschen zu blicken, wird sich immer mehr verstärken, und wenn dazu noch einige Treffer kommen, so wird sein Selbstvertrauen keine Grenzen mehr kennen. Ganz besonders wichtig ist hier ein seltsames Phänomen, das man etwa so formulieren kann: Gerade weil es nicht stimmt, stimmt es. Folgendes Beispiel möge diesen Effekt beleuchten: Die Zeichen des Tierkreises werden abwecheslnd in männliche und weibliche eingeteilt; beginnt man: Widder — männlich, Stier — weiblich, so wird man zunächst stutzig; bei näherem Zusehen eröffnen sich aber Abgründe lebensnaher Beziehungen; und solche Überraschungen wird man auf Schritt und Tritt erleben. Das ist natürlich eine unmathematische Denkweise, aber hier gilt es wie überall: „Ce n'est que le premier pas qui coûte."

Für uns, die wir wissen, daß zwischen dem Horoskop und dem Menschen keine kausale Beziehung besteht, erhebt sich nun die peinliche Frage: Warum stimmt denn das Resultat in vielen Fällen so gut? Und warum geht von graphologischen, phrenologischen, chiromantischen Gutachten eine solche Überzeugungskraft aus? Daß sich aus dem Sonnenstand, aus der Handschrift, aus der Kopfform, aus der Hand manches Richtige schließen läßt, soll hier nicht bestritten werden, aber daß gerade das tiefste Wesen, der Charakter, sich darin offenbart, ist eine Extrapolation, die nicht erlaubt ist. Niemals wird man ein Stück des Mozartschen Requiems aus der Handschrift ergänzen können; warum glaubt man aber, seine innersten Gefühle herauslesen zu können und herausgelesen zu haben? So etwas kann doch gar nicht seine Wirkungen bis auf die äußersten materiellen Enden, als da sind: Schädel, Hand, Handschrift, ausdehnen.

Um einen Ausweg aus diesem Dilemma zu finden, möchte ich ein psychologisches Phänomen heranziehen, das vielfach beschrieben worden ist und insbesondere den Gegenstand einer vorzüglichen Studie von Bergson bildet; es ist das Phänomen des „déjà vu". Bergson beschreibt es folgendermaßen (Le souvenir du présent et la fausse reconnaissance, reprod. in L'Energie spirituelle als Nr. 5):

„Brusquement, tandis qu'on assiste à un spectacle ou qu'on prend part à un entretien, la conviction surgit qu'on a déjà vu ce qu'on voit, déjà entendu ce qu'on entend, déjà prononcé les phrases qu'on prononce, — qu'on était là à la même place, dans les mêmes dispositions, sentant, percevant, pensant et voulant les mêmes choses, — enfin qu'on revit jusque dans le moindre détail quelques instants de sa vie passée."

Dieses Gefühl des Schongesehenhabens kann in Fällen eintreten, wo man mit Sicherheit sagen kann, daß es unrichtig ist; z. B beim Anblick einer Landschaft, die man nie vorher gesehen hat.

Betrachten wir nun ein Urteil, das uns von autoritativer Seite über einen Menschen gegeben wird, z. B. X ist unredlich. Sofort wird bei uns das Gefühl auftauchen: das habe ich schon lange gedacht. Gleichzeitig werden uns eine ganze Anzahl von Handlungen des Betreffenden aufleuchten, welche plötzlich das Urteil offenkundig bestätigen. Dieses Phänomen ist ganz unabhängig davon, ob X, objektiv gesprochen, redlich oder unredlich ist, und es kann nur einigermaßen unwirksam gemacht werden durch stärkere Kräfte, besonders der Pietät gegen ihn, welche uns etwa sagen lassen: das kann ich von ihm nicht glauben. Aber es kann auch ein ganz harmloses, ja ein nichtssagendes Urteil sein, das uns entgegentritt, und auch dann werden wir ganz deutlich des Phänomens gewahr. Man nehme etwa folgendes Urteil aus einem Horoskop: „Sie sind im allgemeinen sparsam, aber in vielen Fällen freigebig." Man wird zunächst das befreiende Gefühl haben, vortrefflich porträtiert zu sein. In Wirklichkeit handelt es sich aber um einen Satz, den man, ohne irgend etwas zu riskieren, in jedes Gutachten über Charaktere setzen kann. Denn sein Inhalt ist gleich Null, er paßt noch auf die Grenzfälle von Verschwendern und Geizhälsen; auch sie werden es für richtig ansehen.

Wir haben hier offenkundig Phänomene des „déjà vu" vor uns, und zwar in dem Gebiet, wo es hingehört, nämlich im Zusammenleben mit den Menschen. Es ist für uns von so vitaler Bedeutung, die Natur unserer Mitmenschen zu kennen, daß die Seele die Schemata, welche sie projizieren kann, förmlich aufsaugt und sich daran klammert.

Wenn man sich an der Behauptung stößt, daß so energische, gleichsam zauberhafte Kräfte alltäglich verwendet werden, so ist daran zu erinnern, daß auch die physischen Kräfte, die jederzeit wirken, viel größer sind, als das Gefühl uns sagt. So balanciert der Knöchel bei jedem Schritt ein Gewicht von 70 kg, d. h. mehr als wir mit den Armen tragen können, aber niemand denkt daran und spürt etwas davon. Man vergleiche hierüber die medizinischen Untersuchungen über das Funktionieren der Gelenke. Erst beim Ausgleiten werden wir an der unerwartet starken Wirkung etwas davon gewahr.

Bedenken wir nun, daß diese Urteile Schemata sind, durch welche wir Subjekthaftes projizieren, also Realität setzen, so verstehen wir jetzt auch den Effekt des „déjà vu". Zur Realität eines Subjektes gehört das „Immer schon so gewesen sein". Das Phänomen des „déjà vu" ist daher in der Struktur des projizierten Schemas verwachsen, und das ist der Grund, warum es psychologisch wirkt. Es ist nicht so, daß wir erst aus irgendeiner geheimnisvollen Fähigkeit heraus den Menschen selber kennen und ihm nachher noch einige Eigenschaften anheften, sondern diese Schemata bauen für uns den Menschen selber auf, sie knüpfen gleichzeitig das Band zwischen ihm und uns und leiten unser Verhalten ihm gegenüber. Mehr als das, was sie uns entdecken, wissen wir nicht, und mehr Subjektgehalt, als sie schaffen, hat der andere nicht für uns.

Die Lehre, die ich hier proponiere, findet sich in wesentlichen Teilen schon bei Plotin. „Alles, was relativ zu einem andern ist, wird von ihm bezaubert; dieses andere, mit dem es in Beziehung ist, bezaubert und treibt es. Nur das, was für sich ist, ist frei von Bezauberung.“ (Enn. IV, 4, 43.) „Was erfahren wir in unseren Beziehungen zu andern? Wir werden angezogen, zwar nicht durch magische Künste, aber durch die Natur, welche die Täuschung bewirkt und eines an das andere anheftet, nicht im örtlichen Sinn, sondern wie mit Zaubermitteln.“

Darum sind Leute, welche nur ungenügende Schemata im Verkehr mit andern verwenden, eine solch furchtbare Plage, andere dagegen mit einer reichen Menge ein solcher Gewinn. Hier zeigt sich eine absolute Hierarchie, die innerhalb der Menschheit besteht, und die durch keine Gesetze aufgehoben werden kann.

Aber gegen die Bespritzung mit unliebsamen Schemata kann man sich schützen mit dem Verstand; denn dieser, die Dianoia, ist es, welcher sie vorwirft; er kann sie auch lösen, weil er den archimedischen Punkt innehat. Man braucht bloß zu überlegen, woher die Schemata kommen, und zu prüfen, ob sie rechtsgültig sind. In den meisten Fällen wird man ihre völlige Leere erkennen, und man wird sie beseitigen, so daß nichts mehr hängenbleibt. Aber ohne Bewußtsein kommt man nicht los.

„Die Erinnerung existiert nicht nur in der Form, daß man Erinnerung spürt, sondern auch als Zustand, welcher durch frühere Eindrücke und Erlebnisse geschaffen ist. Es kann sein, daß sie mehr Kraft besitzt, wenn man sich ihrer nicht bewußt wird, als wenn man sie kennt. Wenn man sich ihrer bewußt ist, so empfindet man sie als etwas Fremdes; ist man dagegen ohne Kenntnis, daß man sie hat, so riskiert man, mit dieser Erinnerung (diesem Schema) identisch zu werden. Hauptsächlich die unbewußten Eindrücke bringen die Seele zu Fall.“ (Enn. IV, 4, 4.)

So baut die Seele ihre Umwelt auf und wird selbst von der Umwelt aufgebaut, und der Baumeister ist der Verstand. Nur soweit dieser reicht, ist die Seele frei. Hat man bloß den Instinkt oder die Phantasie zur Verfügung, so wird man in den Fesseln der aufgezwungenen Schemata bleiben, wie auch der Künstler bloß mit diesen Kräften nichts Wertvolles schaffen kann. Und so kann allerdings die Beschäftigung mit den Schemata der Astrologie die Wirkung der „Lösung von den Fesseln" haben, wenn man nämlich dadurch ihr Funktionieren kennenlernt und damit die Gegenmittel gegen allfällige Verhexung in die Hand bekommt.

Diese Schemata sind, als der Sphäre der Dianoia angehörig, sämtlich mathematischer Natur. Das ist beim astrologischen Horoskop unmittelbar ersichtlich, aber auch bei den übrigen Praktiken, der Graphologie, der Chiromantie usw., mit ihren Tabellen und Regeln leicht erkennbar. Ja auch bei den Menschen, welche „intuitiv" arbeiten, wird man die Routine bald gewahr. Ohne daß sie es wissen, verfahren sie nach wenigen Regeln. „Er kann nicht über drey zählen", gilt auch hier.

Der Verständige wird nicht nach solchen Hilfsmitteln suchen, um das Wesen der Mitmenschen zu ergründen. Goethe drückt den wahren Sachverhalt im Vorwort zur Farbenlehre folgendermaßen aus:

„Vergebens bemühen wir uns, den Charakter eines Menschen zu schildern; man stelle dagegen seine Handlungen, seine Taten zusammen und ein Bild des Charakters wird uns entgegentreten."

Es bleibt nun noch die Frage, ob der Effekt des „déjà vu" in der eben behandelten Form etwas zu tun hat mit dem von Bergson beschriebenen. Darüber möchte ich nichts Bestimmtes sagen, da hierzu offenbar eine genaue Kenntnis der verschiedenen Beobachtungen erforderlich wäre. Aber aus zuverlässiger Quelle weiß ich, daß jemand diesen Effekt im Verlauf eines Gespräches an sich beobachtet hat gerade in dem Moment, als er Zweifel an der Aufrichtigkeit des andern bekam. Es bestand also damals eine Kollision zweier Schemata, nämlich des Schemas „Konversation mit einem andern" und des Schemas der „Prägung des andern mit dem Typus des Schwindlers". Und leicht könnte die Realitätssetzung des zweiten Schemas einen Augenblick lang das erste Schema mitgerissen haben, da sie offenbar viel größere Kräfte braucht als das erste, die bloße Konversation.

Solche Erscheinungen sind keineswegs Zeichen von Krankheit, so wenig wie das Stolpern auf die Fallsucht schließen läßt. In Wirklichkeit bereiten wir jeden Schritt, den wir tun, vor; die Seele läßt nichts geschehen, ohne vorher das Terrain rekognosziert und abgeleuchtet zu haben, so daß wir wie in einem wohlgefederten Wagen fahren. Schon ganz geringe Unregelmäßigkeiten im Gang dieser Sicherung spürt man deutlich; ich erinnere etwa an das Gefühl, wenn der Lift ein Stockwerk tiefer fährt, als man erwartet. In dieser aktiven Sphäre wird man wahrscheinlich auch das Bergsonsche „déjà vu" suchen müssen, nicht aber in der passiven Sphäre der Erinnerung, wie das Bergson selber annimmt.

Man lasse also ein Schema nur gelten, soweit es mit den Handlungen zusammenpaßt, und verwerfe es, sobald sich die kleinste Unstimmigkeit ergibt; denn diese ist immer das Anzeichen weiterer Fehler. Man sei so streng wie der Physiker mit seiner Theorie. Wenn ein Experiment dagegenspricht, so wird sie verworfen, und man muß nach Neuem suchen. Jede Extrapolation auf ein Inneres des Menschen ist unsicher, sie erhält ihre Überzeugungskraft allein aus dem Schema, nicht aber aus den Taten des Menschen, und sie bedarf daher immer der Verifikation. Gerade darin, daß man diese unterläßt, besteht die suggestive Kraft der Charaktergutachten.

ZUSAMMENFASSUNG

Und nun fürchte ich, daß meine Ausführungen als gnostisch, mystisch, kabbalistisch angesehen werden. Meiner Meinung nach sind sie im Gegenteil nüchtern und realistisch. Wenn man unvoreingenommen und rein empirisch die Phänomene der Außenwelt betrachtet, so muß doch auffallen, daß sie in homogene Medien getaucht sind, welche Träger von Stellen gleicher Umgebung sind. Dies gilt von den Objekten im Raum, es gilt auch von den Subjekten in der Zahl. Wir haben ferner die deutliche Empfindung, daß diese Medien realitätsschaffend sind. Denn denken wir uns einen Mann, einen Tyrannen, welcher die Menschen nicht als mit sich gleichberechtigt zählt, so wird er sie als bloße Objekte behandeln, als Sache, d. h. er nimmt ihnen damit einen Teil ihrer Realität. Und wenn wir eine Wahrnehmung der Sinne nicht in einem Raum unterzubringen vermögen, so wird sie zu einem Scheingebilde, zu einer Täuschung. Hier geht noch der Objektcharakter verloren. Umgekehrt, sobald wir die Wahrnehmungen zu einem Bündel zusammenbringen und unter sich gleichberechtigt zu einem Raum aufspannen können, so stützen sie sich gegenseitig und bekommen den Objektscharakter. Und sobald es uns gelingt, unser Ich zu projizieren und uns einzufühlen in eines dieser Objekte, so wird es belebt und zu einem Subjekt, das uns prinzipiell selbständig gegenübersteht korrelativ zu derjenigen Komponente unseres Ich, die wir projiziert haben.

Jetzt zeigt sich ferner, daß auch die Kunst durchzogen ist von Gebilden, welche die Eigenschaft gleicher Umgebung an sich tragen, sei es Symmetrie, sei es Ähnlichkeit oder Wiederholung, und daß die Bedeutenden unter den Künstlern mit Aufwendung vieler Gelehrsamkeit gerade solche Dinge entdeckt haben. Nimmt man nun hinzu, daß gerade das Beleben des Innern und Äußern als die hauptsächliche Energie der Kunst angesehen wird, so liegt es doch nahe, anzunehmen, daß ein und derselbe Logos, nämlich derjenige der gleichen Umgebung, hier am Werk ist. Freilich könnte man einwenden, eine solche Aussage, jeder Punkt oder jedes Element sei gleichumgeben wie jedes andere, sei gänzlich unbestimmt und nichtssagend. Aber in der Gruppentheorie stellt es sich heraus, daß sie ungeheuer einschränkend ist und wirklich gestattet, Architekturen aufzustellen. Verlangt man z. B. im Raum die Aufreihung gleichumgebener Körper endlicher Ausdehnung, so gibt es 230 Möglichkeiten, und die Kristalle verwirklichen einige derselben.

Dieses Prinzip der gleichen Umgebung tritt heutzutage an die Stelle des Prinzipes der Harmonie der Sphären, welches ebenfalls Natur und Kunst verband. Beides sind Logoi, welche uns gestatten, die Welt zu erbauen und zu beleben.

KEPLER
UND DIE LEHRE VON DER WELTHARMONIE

Die schöne Einrichtung, Gedenkfeiern für berühmte Leute zu veranstalten, kommt wohl am meisten denen zugute, deren Werke nicht in jedermanns Händen sind, deren Name vielleicht nur durch die Verknüpfung mit einer wichtigen Entdeckung unvergessen geblieben ist. Nicht unter allen Umständen freilich lohnt sich die Mühe im selben Maße, vielmehr muß die Konstellation der Gegenwart mithelfen, dieses Stück Vergangenheit zu beleuchten. Und da steht es außer Zweifel, daß die Harmonie der Welt, der Kepler sein Leben geweiht hat, ein aktuelles Motiv ist, und man kann erwarten, daß einer Expedition in Keplers Leben und Werke ein gewisser Erfolg beschieden sein muß. Wirklich zeigen sich hier große Schätze; ich hoffe, daß ein Bericht darüber Interesse findet und daß er aufgenommen wird als Akt der Pietät und Dankbarkeit gegenüber dem großen Manne.

Schon die äußeren Umrisse seines Charakters und seines Lebenslaufes* zeigen, daß hier für einen Menschen die Gelegenheit geboten war, sich allseitig durchzubilden. Er ist am 27. Dezember 1571 in Weilderstadt, etwa 25 km westlich von Stuttgart, geboren. Sein Großvater war Bürgermeister des Städtchens. Über seine Vorfahren sind uns kurze Charakterschilderungen erhalten, die Kepler an Hand der Horoskope in der dabei üblichen kühlen, objektiven Weise verfaßt hat.

„Mein Vater Heinrich, geboren 1547. Saturn im Trigon mit Mars, im 7. Haus, hat alles verdorben und einen Menschen hervorgebracht, der auf Untaten bedacht war, sich schroff und händelsüchtig zeigte und schließlich eines elenden Todes starb. Venus und Merkur haben das Böse in ihm noch verstärkt. Jupiter, verbrannt und im Fall stehend, half zu seiner Armut, aber dennoch zu einer reichen Gattin. Saturn im 7. bewirkte Hang zum Söldnerwesen, viele Feinde und eine streitvolle Ehe. Jupiter in schlechter Stellung zur Sonne verlieh ihm einen falschen und nutzlosen Drang nach äußeren Ehren und verursachte schwere Enttäuschungen. Ferner machte er ihn zu einem unsteten Menschen. 1589 verkündigten die Aspekte großes Unheil für meine Eltern. Da beider Lichter verletzt waren und Saturn rückläufig, so konnte es nicht anders sein, als daß der Vater die Mutter übel behandelte und schließlich auf immer in die Fremde ging.“

* Zum Studium Keplers sind vor allen Dingen die Übersetzungen Caspars von unschätzbarem Wert, die ich hier durchgängig verwende.

Von seiner Mutter, Katharina Guldenmann, wird später die Rede sein anläßlich des Hexenprozesses, der gegen sie durchgeführt wurde.

Über sich schreibt Kepler in einem ausführlichen Horoskop, das er zur gewissenhaften Selbstprüfung ausgefertigt hatte, und einem darauf bezüglichen Brief: „Dieser Mann ist dazu geboren, daß er seine Zeit mit schwierigen Dingen verbringt, vor denen die anderen zurückschrecken. Er fängt vieles an, bevor er das Alte vollendet hat. Obschon er äußerst fleißig ist, haßt er die Arbeit aufs heftigste. Er arbeitet nur aus Wißbegier und aus Liebe zum Entdecken. Es ist auch ein Hang zum Simulieren, Täuschen und Lügen vorhanden. Aber dieser wird gehemmt durch Furcht vor Schande und durch ein seltsames Mißgeschick, das früher oder später alle seine Simulationen verfolgt hat.

Er spricht und schreibt gut, wenn ihn nichts anderes drückt, als was er schon lange durchgedacht hat. Aber immer stört ihn beim Schreiben ein neuer Einfall... Ex tempore zu schreiben wie Skaliger ist ihm nicht gegeben.

Sein Leben ist von außergewöhnlichen Makeln frei, abgesehen von dem, was der Zorn und unüberlegte oder leichtfertige Späße machen. Er befleißigt sich der Mäßigung, weil er die Ursachen der Dinge fleißig erforscht. Daher glaubt er, daß Gott die nicht christlichen Völker nicht einfach verdammen wird. Daher rät er zum Frieden zwischen Lutheranern und Kalvinisten. Gegen die Päpstlichen ist er gerecht und empfiehlt diese Billigkeit auch allen andern.“

Im Brief heißt es:

„Bei mir wirkt Saturn und Sonne im Sextil zusammen. Daher ist mein *Körper* trocken und knotig, nicht groß. Die *Seele* ist kleinmütig, sie versteckt sich ganz in literarische Winkel; sie ist argwöhnisch, furchtsam, sucht ihren Weg durch beschwerliches Gestrüpp und läßt sich dadurch aufhalten; die *Sitten* sind entsprechend: Knochen nagen, trockenes Brot essen, Bitteres und Scharfes kosten ist mir eine Wonne; über holperige Wege, Halden hinauf, durch Dickicht hindurch zu gehen, ist mir ein festliches Vergnügen. Mittel, das Leben zu würzen, kenne ich außer den Wissenschaften nicht... Auch mein *Schicksal* ist dem aufs Haar ähnlich. Wo andere verzweifeln, öffnet sich mir ein Zugang zu Vermögen und Ruhm, freilich kein sehr weiter. Denn überall hat man mir hart widerstanden... Vielleicht wird auch meinem *Geist* dasselbe Schicksal treffen, indem ich die Bewegung der Erde um die Sonne vertrete, während sich die Erdbewohner dagegen stemmen.“

Der kleine Johannes Kepler lebte nur wenige Jahre im elterlichen und großelterlichen Haus. Wegen der unglücklichen Familienverhältnisse kam er bald in Internate, in Adelsberg und Hirschau. Später studierte er in Tübingen Theologie, er wohnte im Stift. Auf Anfrage der Landstände von

Steiermark wurde er von der Tübinger theologischen Fakultät für die Lehrstelle der Mathematik an der evangelischen Stiftsschule in Graz vorgeschlagen und erhielt 1594 mit Genehmigung des Herzogs Friedrich von Württemberg diese Stelle. Er lebte sich gut in die dortigen Verhältnisse ein, verkehrte viel in den höheren Kreisen dieses Landes und heiratete die sehr begüterte Barbara von Mühleck, die mit 23 Jahren schon zweimal Witwe geworden war. Durch die Gegenreformation, die Erzherzog Ferdinand, der spätere Kaiser Ferdinand II., energisch durchführte, wurde er gezwungen, Steiermark zu verlassen. Er versuchte eine Professur für Medizin in Tübingen zu erhalten, ohne Erfolg. Dagegen fand er bei Tycho Brahe in Prag ein Auskommen. Nach dessen baldigem Tod wurde er kaiserlicher Mathematiker bei Rudolf II. Auch hier gewann er einen großen Bekanntenkreis am kaiserlichen Hof und wurde ein einflußreicher Mann. 1610 begannen wieder die Geldsorgen, weil durch die Thronbesteigung des Kaisers Matthias seine Stellung unsicher geworden war. Wieder suchte er eine Professur in Tübingen, aber seine Anstellung wurde durch das Konsistorium der württembergischen Kirche hintertrieben. Er war froh, von den Ständen Oberösterreichs die Stellung als Landschaftsmathematiker annehmen zu können und siedelte nach Linz über. Nachdem seine erste Frau in Prag gestorben war, heiratete er 1613 zum zweitenmal, diesmal eine Schreinerstochter aus Efferdingen. Um das Jahr 1620 spielt der Hexenprozeß gegen seine Mutter, dieser nimmt ihn gegen ein Jahr lang ganz in Anspruch. 1625 kommt die Gegenreformation nach Linz, und er muß auch dieses Gebiet verlassen. Er bringt seine Familie nach Regensburg und ist selber viel auf der Reise. 1627 zieht er nach Sagan in Schlesien, wo Wallenstein regiert. Ein Versuch, in Straßburg eine Professur zu erhalten, scheitert; Rufe nach Bologna und England hat er schon früher abgelehnt. Dagegen stand ihm eine Stellung in Rostock in sicherer Aussicht. 1630 im Herbst reiste er nach Regensburg, um die ausstehenden Gelder im Betrag von 13 000 Gulden am dort tagenden Reichstag einzufordern. Bevor er sein Gesuch anbringen konnte, starb er. Vom Geld hat er nichts gesehen, die Summe wurde noch nach hundert Jahren vergeblich von der Familie eingefordert.

Astrologie, Dreißigjähriger Krieg, Hexenprozeß, Religionsverfolgung, Wallenstein — das sind die sublunarischen Motive; dazu kommt die Größe der Probleme, die Kepler im supralunarischen Weltraum angefaßt und glücklich zu Ende geführt hat. Hiermit werden wir uns nun beschäftigen, und wir beginnen billigerweise mit der Astrologie; denn ihr verdankt Kepler den Ruhm, den er während seines Lebens genoß, und den Wohlstand, in dem er zeitweise lebte. Von ihr aus läßt sich auch ein Zugang zu seinen philosophischen Anschauungen gewinnen.

Keplers Ruhm begann gleich mit dem ersten Jahresprognostikon, das er in Graz auf 1595 stellte. Er hatte einen Bauernaufstand und einen Türkenkrieg prophezeit, beides stimmte. Über einen hübschen Treffer im Gebiet der Meteorologie berichtet er: „Ich hab mich gegen einen Tischgenossen verlauten lassen, wann es umb den 1. Martii still bleibe und nit ungestüme Wind und Regen gebe, so wolle ich etwas, das mein große Ungelegenheit, zu tun schuldig sein. Wie nun der 1. Martii herbeikommen und ein grausamer Sturmwind einen sehr schwarzen und dicken Nimbum daher geführet, davon es so dunkel worden, als wäre es eine halbe Stunde nach Sonnen Untergang, fingen einige mit Verwunderung an zu fragen, was das seye. Hat einer zur Antwort gegeben: ,Der Kepler kömmt‘, und also die Erinnerung getan, daß es der längst von mir gezeigte Tag sei.“

Im Prognostikon auf das Jahr 1618 heißt es: „Man soll mit ganzem Fleiß zusehen, daß man sich den glücklichen Fortgang im Märzen und Aprilen nicht allzuwohl gefallen lasse oder unbesonnen und unvorsichtig werde, oder dergleichen Sachen vornehme, die eine Gemeinde leichthin zum Aufruhr verursacht, denn wahrlich im Maien wird es an denjenigen Orten und bei denjenigen Händeln, da zuvor schon alles fertig, und sonderlich wo die Gemeinde sonst große Freiheit hat, ohne große Schwierigkeit, wo sie nicht ein wachendes Auge über sich haben, nicht abgehen.“ Das nächste Prognostikon beginnt dementsprechend: „Es hat der Zunder im verflossenen Mai Feuer gefangen, inmaßen ich davor, und sonderlich auf den Maien gewarnet.“

Von dieser Einrichtung der Prognostiken hat Kepler ausgiebigen Gebrauch gemacht, um seine politischen Einsichten zu verbreiten. Sie sind an alle Schichten der Bevölkerung gerichtet und wurden auch von allen gelesen. Er schreibt darüber in seinem wissenschaftlichen Werk über die neue Begründung der Astrologie: „Wir benützen die verderblichen Begierden der Menge um ihr geeignete Mahnungen, unter die Form von Prognostiken verhüllt, einzuflößen, Mahnungen, die zur Beseitigung der Krankheit beitragen und die wir auf andere Weise kaum anbringen könnten. Wie man also nicht sagen kann, der Arzt rede irre wie der Kranke, wenn er dem irreredenden Kranken mit verstelltem Gebaren nachgibt, so sollen auch von mir die billig Denkenden nichts Verkehrtes argwöhnen, wenn ich in bester Absicht mit der nach zukünftigen Dingen lüsternen Menge öffentlich von zukünftigen Dingen rede.“

Um das zu illustrieren, möchte ich ein Stück des Prognostikons auf das Jahr 1624 wiedergeben:

„Was nun diese wichtigen Konstellationen bedeuten, ist unnot, die Astrologen darum zu fragen. Wir sehen es leider vor Augen, wie es im Staat beschaffen, daß nämlich das Spiel noch nicht aus. Was nun der gemeine

Bürger- und Bauersmann bei kontinuierendem Kriegswesen sich zu getrösten habe, dessen wolle sich Gott erbarmen. Ich zweifle zwar nicht, er würde es tun, wenn Er, als ein allwissender Gott, nicht befünde, daß dies scharfe Ätzwasser noch weder bei hohen oder niedern Stands-Personen auf das Lebendige keineswegs eingefressen. Ich weiß nicht, wie andern geschieht; ich zwar finde es in meiner geringen und engeingespannten Erfahrung vielfach, daß die Welt so gar in ihrer starken Einbildung eingesunken, daß noch heutzutag wohl aufzuschreien wäre: ,Oh, wenn du es wüßtest! Aber nun ist es vor deinen Augen verborgen.' Weil denn die irrigen Meinungen und Halsstarrigkeit noch so groß: Also ist vermutlich, es werde der allerweiseste Menschenhirt diese Stimulationen des Gestirns bei dem verderbten Menschen nicht hindern, sondern mit dem schrecklichen Landverderben an der Welt noch länger rütteln, bis er zu seinem vorgesetzten Intent gelanget und sie (die Welt) anfängt, die Augen aufzutun und nach denjenigen Friedensmitteln zu schauen, welche jezo allein den Unparteiischen einleuchten."

Neben den Prognostiken sind es besonders die einzelnen Nativitäten, mit denen Kepler sich Ruhm gewann. Dabei erwartete man von ihm eigentliche Lebensprogramme, und in ihrer Aufstellung zeigt sich die Genialität Keplers besonders augenfällig. So kann er mit wenigen Motiven, etwa Mars und Jupiter in charakteristischen Stellungen des Horoskopes, einen Menschen aufstellen, und solche ökonomische Skizzen sind wichtig für die Mittel, mit denen wir die äußere Welt aufbauen. Man findet ähnliches auch in der Graphik und in der Musik. Von den ausgeführten Horoskopen sind leider nur wenige erhalten, sonst hätten wir eine ganz einzigartige Galerie von Typen aus der damaligen Zeit. Von unheimlicher Größe, vergleichbar mit den Schöpfungen seines Zeitgenossen Shakespeare, ist das Gutachten, das er dem jungen Albrecht Waldstein aus dem böhmischen Provinzadel gab. Das Thema interessierte ihn offenkundig, und er arbeitete es vollständig aus. Es ist deutsch geschrieben und umfangreich, ich möchte nur einige Sätze zur Probe wiedergeben, wobei man nicht vergessen darf, daß die Aussagen durch die zugehörigen Planetenstellungen noch viel plastischer wirken.

„So nun dieser Herr geboren ist zu vermeldeter Zeit, Tag und Stunde, so mag mit Wahrheit gesagt werden, daß es nicht eine schlechte Nativität sei, sondern hochwichtige Zeichen habe. Als erstlich die große Konjunktion des Saturns und Jupiters im ersten Haus usw. Doch hat sie nebens einen großen Fehl, daß der Mond in das 12. Haus verworfen."

„Solchergestalt mag ich von diesem Herrn in Wahrheit schreiben, daß er ein wachendes, aufgemuntertes, emsiges unruhiges Gemüt habe, allerhand Neuerungen begierig; dem gemeines menschliches Wesen und Händel nicht gefallen, sondern der nach neuen unversuchten oder doch sonst seltsamen Mitteln trachte, doch viel mehr in Gedanken habe, als er äußerlich sehen

100

und spüren lasset. Denn Saturnus im Aufgang machet tiefsinnige, melancholische, allzeit wachende Gedanken, bringt Neigung zu Alchymiam, Magiam, Zauberei, Gemeinschaft zu den Geistern, Verachtung und Nichtachtung menschlicher Gebote und Sitten, auch aller Religionen; macht alles argwöhnisch und verdächtig, was Gott oder die Menschen handeln, als wenn es alles lauter Betrug und viel ein anderes dahinter wäre, denn man fürgibt."

„Und weil der Mond verworfen stehet, wird ihm diese seine Natur zu einem merklichen Nachteil und Verachtung bei denen, mit denen er zu conversieren hat, gedeihen, so daß er für einen einsamen, lichtscheuen Unmenschen wird gehalten werden. Gestaltsam er auch sein wird: unbarmherzig, ohne brüderliche oder eheliche Lieb, niemand achtend, nur sich und seinen Wollüsten ergeben, hart über die Untertanen, an sich ziehend, geizig, betrüglich, ungleich im Verhalten, meist stillschweigend, oft ungestüm, auch streitbar, unverzagt, weil sol und mars beisammen, wiewohl Saturnus die Einbildungen verderbt, so daß er oft vergeblich Furcht hat."

„Es ist aber das beste an dieser Geburt, daß Jupiter darauf folget und Hoffnung machet, mit reifem Alter werden sich die meisten Untugenden abwetzen und also diese seine ungewöhnliche Natur zu hohen, wichtigen Sachen zu verrichten tauglich werden."

„Dann sich nebenst auch bei ihm sehen lasset großer Ehrendurst und Streben nach zeitlichen Dignitäten und Macht, dadurch er sich viel großer schädlicher, öffentlicher und heimlicher Feind machen, aber denselben meistenteils obliegen und obsiegen wird, so daß diese Nativität viel gemein hat mit der des gewesenen Kanzlers in Polen, der Königin von England und anderer dergleichen, die auch viel Planeten in Auf- und Niedergang um den Horizont herum stehen haben."

Zu diesem lezteren Punkt bemerkt Ranke, der seine Wallenstein-Biographie mit diesem Horoskop beginnt, folgendes: „Nicht geringen Eindruck mußte es auf den jungen Wallenstein machen, wenn man ihm sagte, er sei unter demselben Gestirn geboren wie einst der Kanzler Zamoisky von Polen und die Königin Elisabeth von England, von denen jener im Osten, diese im Westen von Europa fast zu gleicher Zeit die größte Rolle gespielt hatten."

Kepler fährt fort: „Und weil Mercurius so genau in opposito Jovis steht, will es das Ansehen gewinnen, als werde er einen besonderen Aberglauben haben und durch Mittel desselbigen eine große Menge Volks an sich ziehen, oder sich etwa einmal von einer Rott, so malcontent, zu einem Haupt- und Rädelsführer aufwerfen lassen. Denn die Directionen für 1613 wollen auf dasselbige und die vor- und nachgehenden Jahre, so er lebt, allerlei grausame erschreckliche Verwirrungen mit seiner Person vereinbaren, wie hernach weiter und ausführlicher berichtet werden soll."

Es folgen nun einige Direktionen für die späteren Jahre, großenteils wirklich eingetretene Ereignisse. Das einzige, was nicht streng paßt, war die Prophezeiung auf eine reiche Heirat mit einer Witwe, die nicht schön, aber an Herrschaften, Gebäu, Vieh und barem Geld reich sein werde. Diese Heirat ist nicht erst acht Jahre später erfolgt, wie Kepler meint, sondern schon im folgenden Jahr. Wallenstein schreibt an den Rand naiv: „anno 1609 im maio habe ich diese Heirat getan, mit einer Wittib, wie daher ad vivum deskribiert wird."

Am Schlusse steht: „Vidit dominus omnia quae fecit et ecce erant valde bona."

Wallenstein hat diese Offenbarung seines Charakters ganz in sich aufgenommen und sein Programm durchgeführt. 15 Jahre später verlangte er ein neues Horoskop von Kepler. Dieser tadelt ihn heftig wegen seines Aberglaubens und sucht ihn mit allen Mitteln vom Kriege wegzubringen. Aber er kann sich nicht versagen, am Schluß die vielsagenden Sätze zu schreiben: „Für die nächstfolgenden Jahre finde ich nichts Besonderes... bis zum Jahr 1634, da im März Mars, Saturn, Jupiter, Sonne, Venus und Merkur ein wunderliches Kreuz machen, womit sich die auf diese Zeit angedrohten schrecklichen Landesverwirrungen mit des Geborenen Glück vereinbaren möchten." Wallenstein wurde am 25. Februar 1634 ermordet. Man hat wohl auch in Wien etwas von diesem wunderlichen Kreuz geahnt.

Es ist uns nicht ganz verständlich, daß ein gottesfürchtiger Mann wie Kepler einem jungen Menschen einen solchen Plan fürs Leben mitgeben konnte. Er kannte sehr wohl den Einfluß der Astrologie auf das Gemüt, denn um die nämliche Zeit schreibt er an einen Vertrauten des Kaisers Rudolf, man müsse aus dessen Umgebung alle Astrologen entfernen, die Aspekte seien zur Zeit schlecht. „Wenn auch solche Sachen nicht in den Sitzungen verhandelt zu werden pflegen, so lauert doch dies Füchslein viel heimlicher auf, daheim im Schlafgemach, auf dem Lager, in der Seele." Matthias, der Bruder und Gegner Rudolfs, habe als ausschließlichen und schädlichsten Feind einen kommenden Schnupfen. Auch hier scheint Kepler sich nicht bewußt zu sein, wie sehr er dem Kaiser bei seiner Umgebung schadet.

Über seine Stellung zur Astrologie hat Kepler zwei Broschüren gegen zwei Ärzte gerichtet. Die erste, der „tertius interveniens", verteidigt die Lehre gegen Dr. Feselius, der sie gänzlich verwarf. Kepler warnt davor, man solle das Kind nicht mit dem Bade ausschütten. Die andere ist gegen den hanauischen Leibarzt Röslin gerichtet, der zu sehr an die Astrologie glaubt. Hier findet sich folgender origineller Passus: „Es scheint leichtlich, daß

Herr Dr. Röslin als ein alter erfahrener gelehrter Medicus mit vielen
fürstlichen und gräflichen Personen zu conversieren komme, bei denen es
der Brauch, einer Sache mit wenigen Worten zu gedenken: und halten es
nicht für reputierlich, in rebus philosophicis einem professori starke
Widerpart zu halten: dessen denn Dr. Röslin gewohnt sein wird. Ich aber
hab allhie zu Prag einen härteren Stand und komm ich zu solchen schlag-
fertigen und lebhaften Köpfen niedrigern Stands, deren allzeit allhie eine
gute Anzahl, die mir nicht viel Cramanzens machen, sondern fein trocken
sagen, wie sie es meinen, Wort um Wort geben und es so lang treiben, bis
einer den andern überwindet. Denn wider die Astrologie haben sie über-
aus reichlichen Stoff vorzubringen, wie auch wider allerhand Bedeutungen.
Soll ich etwas wider sie erhalten und die Astrologie nicht ganz verlieren,
so muß ich mit Verwerfung oder Beseitsetzung dessen, so etwas ungewiß,
ihnen vorkommen und die Vorstadt verbrennen, damit ich die Festung
erhalte."

Man hat der Astrologie vorgeworfen, sie führe zum Fatalismus. Das ist
nicht richtig; die neueren philosophischen Systeme von Leibniz oder Kant
fordern sogar die absolute Geltung des Kausalitätsgesetzes in der Natur
und nehmen daneben völlige Willensfreiheit an. Anders steht es mit den
eigentlichen Regeln der Astrologie. Kepler will einen Teil derselben, soweit er auf den Aspekten beruht, beibehalten, einen andern Teil, nämlich
die Lehre von dem Einfluß der Zeichen usw., als chaldäischen Aberglauben
verwerfen. Die ersteren glaubte er tatsächlich durch statistische Versuche
bestätigt zu haben; philosophisch stütze er sie durch seine allgemeine Lehre
von der Weltharmonie. Die Seele denkt er sich nach platonischer Art als
Kreis, der mit dem Zodiakus, unserer allgemeinen Lebensstraße, sympathi-
siert. Im Moment der Geburt wird sie von der Konstellation imprägniert,
und diese Formkraft wirkt sich nun im Lauf der Zeit aus. Man soll sich
aber nicht vorstellen, daß die Symmetrien vom Himmel herabregnen, denn
sie sind ja nach Kopernikanischer Lehre von der Stellung der Erde in ihrer
Bahn abhängig. Es ist vielmehr eine der Seele wesentliche Eigenschaft,
wenn sie Symmetrien spürt, sich zu freuen, ohne dabei Verstand anzuwenden, gerade wie wir uns an einem hübschen Musikstückchen ergötzen,
ohne die Formgesetze, die es beherrschen, zu kennen. So *bewirken* die
Sterne *nicht* den menschlichen Charakter, sondern der Anblik der Aspekte
weckt in der Seele Fähigkeiten, die in ihr schlummern.

So gut die Lehre zu den übrigen Keplerschen Anschauungen paßt, so
sehen wir doch nicht ein, daß die Seele sich gerade nur im Moment der Geburt entscheidend soll imprägnieren lassen. Wir haben den Eindruck, daß
es im späteren Leben wichtigere Momente gibt, wo das geschieht, und daß
die Sterne dabei nicht mitwirken. Wenn ferner Kepler einen großen Teil

der alten Lehren verwirft und selber neue aufstellt, die ihrerseits von andern verworfen werden, so steht es prekär um diese Wissenschaft. Ein Corpus doctrinae hat in ihr ebensowenig Platz wie ein Leib unter den Gewandfalten einer gotischen Statue. Da muß dann die sogenannte Intuition, d. h. die reine Selbsttäuschung, in die Lücke treten. Daß sie das mit einem starken Schein von Wahrheit kann, ist ein hochinteressantes Phänomen, das uns aber hier zu weit abseits führen würde.

Steigen wir nun von den irdischen Ereignissen zu den Sternen hinauf, zur Astronomie. Schon in seiner Jugend hat Kepler das Kopernikanische Weltbild angenommen, durch religiöse Gründe dazu geführt. Er überlegt so: als Gott vor 6000 Jahren die Welt schuf, wählte er für ihre Form die vornehmste geometrische Figur, nämlich die Kugel. Sie bildet ein Symbol der Dreieinigkeit. Dabei entspricht der Mittelpunkt Gott, die Radien oder Strahlen dem Heiligen Geist und die äußerste Kugelfläche Christus. Wir haben hier das platonische Wirkungsschema von Monè, Prohodos und Epistrophè. Nun kann doch unmöglich die Erde als Gott entsprechend gedacht werden, wohl aber die kraft- und lebenspendende Sonne. Hiermit ist freilich noch nicht die ganze Harmonie der Welt aufgedeckt, es bleiben noch die sechs Planeten und die Abmessungen ihrer Bahnen übrig. Damit mühte er sich zu Beginn seiner Lehrtätigkeit in Graz lange vergeblich ab. Da, am 19. Juli 1595, als er seinen Zuhörern die großen Konjunktionen von Saturn und Jupiter aufzeichnete, ging ihm das Licht auf, und bald konnte er den Satz aufschreiben: „Die Erdbahn ist das Maß für die andern Bahnen. Ihr umschreibe ein Dodekaeder; die dieses umspannende Sphäre ist Mars. Der Marsbahn umschreibe ein Tetraeder; die dieses umspannende Sphäre ist Jupiter. Seiner Bahn umschreibe einen Würfel, die umspannende Sphäre ist Saturn. Nun lege in die Erdbahn ein Ikosaeder; die einbeschriebene Sphäre ist Venus. In die Venusbahn lege ein Oktaeder; die einbechriebene Sphäre ist Merkur. Damit hast du den Grund für die Anzahl der Planeten."

Er fährt fort: „Den Genuß, den ich aus meiner Entdeckung geschöpft habe, mit Worten zu beschreiben, wird mir nie möglich sein. Nun reute mich nicht mehr die verlorene Zeit; ich empfand keinen Überdruß mehr an der Arbeit; keine noch so beschwerliche Rechnung scheute ich."

Seit diesem Tag, mit dem für ihn eine Vita nuova begann, scheint dieses Glücksgefühl ihn nicht mehr verlassen zu haben, und von da ab bemerken wir — um mit Goethe zu reden — sein herrliches Gemüt, das überall auf das freudigste durchblickt.

Wenn wir so ein Gesetz hören, fragen wir zuerst: Stimmt es? Da müssen wir leider antworten: Nein. Für drei der Abstände geht es, bei den beiden andern ist gar keine Rede davon, und Kepler muß neue Prinzipien heran-

104

ziehen. Und doch ist dieses Weltbild als die Krönung der Naturphilosophie der Renaissance anzusehen, ähnlich wie das Dantesche für das Mittelalter. Schon Piero della Francesca hatte ein Werk über die regulären Körper geschrieben; und der Goldene Schnitt, die göttliche Proportion, wurde verwendet mit dem Gedanken, daß er als kosmisches Verhältnis die höchste Schönheit in das Kunstwerk festbanne und ihr auch Dauer verleiht. Euklids Werk, das ganz im Hinblick auf diese fünf Figuren geschrieben ist, schien den damaligen Menschen den göttlichen Bauplan zu offenbaren. Es galt zwar nicht als ein eigentlich sakrales Buch, aber doch als das höchste, was menschliche Philosophie in diesem Gebiet zu erreichen imstande war. Im Keplerschen Weltbild ist nun der Aufbau des Weltalls durch die sechs höchsten Figuren, nämlich die Kugel und die fünf regulären Körper, wirklich erreicht.

Durch seine Entdeckungen ist Kepler ein neuer Sinn für das Verständnis der Mathematik entstanden. Er studiert jetzt die schwierigsten Werke, Archimedes und Apollonius, sowie das 10. Buch von Euklid. Er ist wohl der erste Mathematiker, der die griechischen Methoden wieder völlig in die Gewalt bekam und Neues entdecken konnte. Aber diese Seite von Keplers Wirken, auch seine optischen Werke, möchte ich hier nicht behandeln. Von größter Bedeutung wurde für ihn, daß sein Buch die Aufmerksamkeit Tycho Brahes auf ihn lenkte. Dieser hatte eine große Reihe von astronomischen Beobachtungen gewonnen, die alle bisherigen an Genauigkeit weit übertrafen, und lebte um die Jahrhundertwende in Prag. Kepler mußte um dieselbe Zeit Graz verlassen und wendete sich an Brahe. Er zog nach Prag und erhielt nach Tychos Tod 1601 nach mancherlei Schwierigkeiten das Material zur Bearbeitung ausgeliefert. Er versuchte nun, seine Hypothese daran zu prüfen, und wählte als das geeignetste Objekt den Planeten Mars. Die Geschichte dieses großen Feldzuges gegen Mars beschreibt er ausführlich in der „Astronomia nova". Nach langen vergeblichen Versuchen fand er, daß man mit einer kreisförmigen Bahn nicht auskommen kann. Epizyklen wollte er nicht verwenden, weil er an die Harmonie glaubte. Bei einer komplizierten Formel gebrauchte er eine Näherung, und da stellte sich heraus, daß diese viel besser stimmte als die wirkliche Formel. Schließlich ergab sich, daß sie zu einer elliptischen Bahn gehört, und damit hatte er sein wichtigstes Gesetz gefunden: die Planetenbahnen sind Ellipsen. Heute lernen wir diese Tatsache meist als eine totes Positives; aus dem Buch kann man aber sehen, wie es bei den großen Entdeckungen wirklich zugeht, wie ungeheuer die Arbeit und die Energieausgabe ist, die dabei geleistet wird. Es ist der erste große Erfolg der Himmelsmechanik seit dem Altertum; hätte sich Kepler bloß mit Interpolationen begnügt, so wäre eine Reihe von Epizyklen lange hinreichend gewesen. Aber es ist der Glaube, daß was in der Natur geschieht, auch mathematisch bedeutsam sein muß, der ihn immer weitergetrieben hat. Dieser half ihm, die Scheu vor der Preisgabe der Kreise zu überwinden.

Weniger glücklich war er als Physiker. Er versuchte, eine neue Begründung der Himmelsphysik zu geben; denn durch die Kopernikanische Lehre war diese in heillose Verwirrung geraten. Früher sah man in der Drehung des Himmelsgewölbes die Ursache aller Bewegung in der Welt. Jetzt fiel die Bewegung des Himmels fort, und man mußte nach einer neuen Ursache für den Lauf der Planeten in ihren Bahnen suchen. Es lag nahe, die Erklärung in der Sonne zu suchen, und das tut auch Kepler, wie schon vor ihm der Engländer Bruce. Die Sonne wird durch eine göttliche Kraft in Rotation gesetzt und erzeugt ein rotierendes Feld, das sich mit Abschwächung nach außen fortsetzt und die Planeten mit sich führt. Über die Art der Abnahme ist er sich noch im unklaren, da er sein drittes Gesetz noch nicht gefunden hatte.

Nun bleibt aber noch die Schwerkraft, welche nach Aristoteles die drei Elemente Erde, Wasser und Luft nach dem Weltzentrum zieht. Weil jetzt die Sonne im Zentrum steht, ergibt sich die Schwierigkeit, daß die Erde in die Sonne fallen müßte. Zunächst hilft sich Kepler mit einer Seelenkraft der Planeten, welche sich gegen die Anziehung stemmt. Aber unter dem Einfluß von Gilbert läßt er die Gravitation fallen und ersetzt sie durch eine magnetische Kraft, die von der Sonne ausgeht. Indem er die Erdachse als großen Magneten ansieht, gelingt ihm eine Erklärung der elliptischen Bahn der Erde: Je nach der Richtung der Achse zur Sonne wird die Erde abgestoßen oder angezogen; daher wird die normale kreisförmige Bahn abgeändert, und es entsteht eine elliptische mit der Sonnennähe und Sonnenferne in entgegengesetzten Punkten. An dieser Lehre hat Kepler festgehalten, aber er hat sie nicht rechnerisch nachgeprüft. Er bedurfte jetzt, wie Aristoteles, nur noch einer Seelenkraft, nämlich derjenigen, welche die Sonne dreht, alles weitere schien ihm physikalisch erklärt.

Kepler mißt die Kräfte stets durch die Geschwindigkeiten. Daher lautet sein Trägheitgesetz, daß ein Körper nach Ruhe strebt. Er sucht sogar zu berechnen, um wieviel ein fallender Stein hinter der Erddrehung zurückbleibt. Erst Galilei hat gesehen, daß eine Bewegung keines Bewegers bedarf, um sich zu erhalten, und daß man eine Kraft nicht durch eine Geschwindigkeit, sondern durch eine Beschleunigung mißt. Vom physikalischen Standpunkt aus gesehen steht Kepler noch im mittelalterlichen Denken. Damit hängt zusammen, daß er sich mit seinen Entdeckungen nicht begnügte. Er hatte erst das „daß" der Erscheinungen gefunden, nun wollte er auch das „warum" ergründen. Und dieses Problem führte ihn auf den schönsten und tiefsten Teil seiner Lehre, auf die Weltharmonie.

Die „Harmonice mundi", Keplers reifstes Werk, ist in der Linzer Zeit entstanden und 1618 erschienen. Sie ist gleichsam hineingetaucht in den Prolog, den Proklus zu Euklids „Elementen" verfaßt hat; ganze Abschnitte desselben sind in lateinischer Übersetzung wiedergegeben, andere in griechischer Sprache als Motto für einzelne Bücher verwendet, und Kepler ist tief in den Geist der neuplatonischen Philosophie eingedrungen. Man erstaunt, wenn man sieht, wie hier beim Beginn der modernen Mathematik die urkräftige Lehre dieser Philosophen so lebendig erfaßt wird und den eigentlichen Antrieb zur Beschäftigung mit der Geometrie liefert. Kepler packt sie mit der ihm eigenen Originalität an und bringt neue Gedanken hinein. Er unterscheidet scharf zwischen den unbewußten Seelenkräften und dem wissenschaftlichen Denken. Die Seele ist von Gott selbst geometrisch informiert: „Ist also die natura sublunaris ex instinctu Creatoris (durch die Eingebung des Schöpfers) viel eine bessere Geometria, als der Menschen rationalis animae facultas (als das Denkvermögen) ex profectu studiorum (durch den Fortschritt der Studien) jemals gewest bis auf den heutigen Tag." Mit dieser unbewußten Geometrie erklärt er die astrologischen Wirkungen so gut wie die musikalischen: Gerade wie es eine Alacritas (Heiterkeit) des Gemütes ist, welche überhaupt allem Gesang im Singenden vorausgeht und ihm gleichsam die Melodie diktiert, so folgt auch jeder Art von Gesang das Vergnügen der Zuhörer.

Die Kraft der Zahl verwirft er, an ihre Stelle tritt die geometrische Symmetrie. Die Seele empfindet sie in verschiedenster Gestalt, als Harmonie in der Musik, als Aspekt in den Gestirnen, als Schönheit in der Kunst. Aber der wahre Ursprung wird in der Geometrie, und zwar in der Lehre von der Kreisteilung, aufgedeckt. Dreieck, Viereck, Fünfeck und Sechseck sind konstruierbar; daher liefern sie künstlerisch brauchbare Symmetrien. Siebeneck, Neuneck usw. sind nicht zu konstruieren, daher auch ohne irgendwelche Wirkung. Im ersten Buch werden die Überdeckungen der Ebene mit regulären Figuren, also die Grundlagen der Ornamentik, aufgestellt, und es wird gezeigt, daß das Fünfeck keine Verwendung finden kann. Erst in der Musik, die höher als die Ornamentik steht, kommt mit der Terz auch die Fünfzahl zu ihrem Recht. Das dritte Buch enthält eine neue Begründung der Harmonielehre, und zwar vom Standpunkt der Astronomie und Metaphysik aus. Das war schon das Ziel der früheren Traktate von Ptolemäus, Boethius, Vincenzo Galilei und anderen. Kepler hat auch hier das zu Ende geführt, was die anderen begonnen hatten. Die Beispiele, die er bringt, stammen meist von Orlando de Lasso. Dieser ist für ihn der klassische Komponist, etwa wie für uns Beethoven.

Das vierte Buch ist das philosophische und psychologische. Seinen Inhalt kennen wir schon. Im fünften wird nun alles auf die Planetenbahnen angewandt. Durch die Einführung der Bahnellipsen waren ganz neue, unerwartete Möglichkeiten geschaffen zur Anbringung von harmonischen Wundern. Die Verhältnisse der beiden Hauptachsen, ferner der Geschwindigkeiten in der Sonnennähe und Sonnenferne, mußten auf die musikalischen Intervalle zurückgeführt werden, und Kepler gründet darauf die Dur- und Molltonleiter. — Mitten in diesen Spekulationen entdeckt er das berühmte dritte Gesetz, daß sich die Kuben der Achsen wie die Quadrate der Umlaufszeiten verhalten. Und nun bricht er in einen eigentlichen Hymnus aus: „Nachdem mir vor 18 Monaten das erste Tagesgrauen, vor drei Monaten der Tag und vor ganz wenigen Tagen die Sonne des wunderbarsten Anblicks aufgegangen ist, hält mich nichts mehr zurück, in heiliger Begeisterung zu sagen: Ich habe die goldenen Gefäße der Ägypter geraubt, damit ich Gott ein Heiligtum errichte fern von den Grenzen Ägyptens. Ob die heutigen oder spätere Menschen das Buch lesen, das verschlägt nichts. Mag es hundert Jahre auf den Leser warten, wenn Gott selber 6000 Jahre dessen geharrt hat, der sein Werk erblickt."

Das ist die Stimmung, in der die großen Entdecker der Weltharmonie leben, und das gibt keine Kunst und kein anderer Erfolg.

Mit einem Epilog über die Sonne und einem Lobgesang schließt das Werk, das wie kein zweites Mathematik und Leben verbindet.

Einen Leser, wie ihn Kepler wünschte, hat das Buch kaum gefunden, denn die Wissenschaft ging andere Wege, und die Kontinuität der Philosophie wurde bald unterbrochen. Zwar wurde das erwähnte dritte Gesetz herausgelöst und half Newton zur Entdeckung der Gravitation, aber mit dem Rest wußte man nicht viel anzufangen. Nur *ein* alleinstehender Gelehrter der späteren Zeit, der noch ganz in neuplatonischer Naturwissenschaft lebte und die neuen Lehren verwarf, konnte Kepler verstehen, Goethe. In der Tat weist seine Farbenlehre so enge Beziehungen auf, daß man sie fast als ein sechstes Buch der „Harmonice mundi" bezeichnen könnte. Die Farbenaspekte gehorchen denselben Gesetzen wie die wirksamen Konstellationen, und auch hier ist es die Seele, die sie empfindet.

Nicht billigen können wir, daß sowohl Goethe als Kepler die Zahlen beiseite geschoben haben. Dadurch würde man gezwungen, eine Anzahl verschiedener Seelenvermögen anzunehmen, deren eines die musikalischen Harmonien intuitiv erfaßt, ein anderes die Symmetrien in der bildenden Kunst, ein drittes die Farbenaspekte usw. „Wo Symmetrien sind, sind Zahlen", dieses uralte Prinzip ist durch die neuere Mathematik bestätigt worden. Symmetrien sind Manifestionen der Zahlen im Räumlichen und Visuellen, Harmonien solche im Auditiven, und das unmittelbare Vergnügen an ihnen beruht darauf, daß man die höherstehende, belebende

Kraft der Zahl in einem Gebiet anwenden kann, wo man es nicht gewohnt ist, nämlich in der geometrischen Welt und in der Tonsphäre.

Aber dadurch, daß Kepler mit dem Harmonieprinzip die neue Lehre gewonnen hat, ist jenes für uns lebendig geblieben. In unseren Tagen, wo durch das Zusammenwirken einer neubelebten Philosophie mit der Mathematik und der klassischen Philologie ein erneutes Studium der antiken Philosophen begonnen hat, wird man gerade von der Keplerschen Lehre aus einen besonders ergreifenden Überblick über dieses wichtigste Arbeitsfeld des heutigen Geisteslebens gewinnen können.

Nach der Publikation der „Harmonice mundi" folgte die traurigste Zeit in Keplers Leben. Seine Mutter lebte in bescheidenen Verhältnissen in Leonberg. Einer ihrer Söhne, Heinrich, wohnte bei ihr; er war durch langen Söldnerdienst gänzlich herabgekommen; ein anderer, Christoph, war von Beruf Kannengießer, ein ehrbarer und hilfsbereiter Mann. Ihre Tochter war an den Pfarrer Binder in Heumaden verheiratet. Leider hatte die Mutter die üble Gewohnheit, den Leuten ihre Missetaten immer wieder vorzuhalten, und sie hatte sich dadurch den Haß der Reinboldin, einer wegen öffentlicher Unzucht vorbestraften Person, zugezogen. Um dafür Rache zu nehmen, wurde sie von dieser als Hexe verschrien. Die Keplerin reichte beim Vogt von Leonberg, der ihr feindlich gesinnt war, Verleumdungsklage ein, aber sie erhielt nicht Recht, und von da ab drohte ihr ein Hexenprozeß, der dadurch noch besonders gefährlich war, weil der Bruder der Reinboldin das Amt des Hofbarbiers versah. Kepler selbst berichtet: „Vor wenig Jahren sind unter dem jetzigen Vogt zu Löwenberg etliche Hexen aus dem Amt eingekommen und justifiziert worden, wodurch unter dem abergläubischen, sonderlich dem Weibervolk ein großes Gesäg, Murmel und Förschelung erweckt worden, ob in der Stadt auch deren Leut sein möchten, — da dann sonderlich diejenigen herhalten mußten, so der jungen heranwachsenden schnöden Welt zu lang gelebt und propter vitia senectutis verdrießlich worden, — nach dem allzugmainen unchristlichen Sprichwort: ‚Nur auf den Scheiterhaufen mit den alten Weibern'."

Das geschah um das Jahr 1616. Erst im Herbst 1620 erfolgte die Verhaftung. Die Mutter befand sich im Pfarrhaus zu Heumaden, die Tochter verbarg sie in einer Truhe, aber man fand sie, und sie wurde nach Leonberg gebracht, dort an Ketten gelegt und von zwei Wächtern bewacht — eine so ungeheure Angst hatte man vor den Zauberkräften der Hexen. Nun mußte Kepler helfen. Er ging zunächst nach Tübingen und legte den Fall den dortigen Juristen vor. Die Auskunft, die ihm Besold gab, war ungünstig.

Zuerst stellte Kepler das Gesuch, daß bloß *ein* Wächter verwendet werde. Er führt aus, diese Männer seien Arbeitslose, die alles tun, damit sie diese Stellung beibehalten könnten. Sie werden die Frau zu unüberlegten Worten reizen, diese noch ungünstig auslegen, und damit alle Hoffnung auf Entlassung aus der Haft vereiteln. Das Gesuch wurde abgelehnt.

Nun verfaßte er eine meisterhafte Verteidigungsschrift. Der Plan derselben ist deutlich zu erkennen. Er beschränkt sich vollkommen darauf, nachzuweisen, daß in keinem der Anklageartikel das spezifische Delikt der Hexerei nachgewiesen sei.

So hatte die Mutter, die von ihrer Schwiegermutter allerhand medizinische Sympathiemittel kennengelernt hatte, folgendes Verschen verwendet:

> „Heiß mir Gott willkommen,
> Sonn- und Sonnentag.
> Kommst daher geritten,
> Da stehet ein Mensch, laß dich bitten,
> Gott, Vater, Sohn und Heiliger Geist
> Und die Heilige Dreifaltigkeit,
> Gebt diesem Menschen Bluet und Fleisch
> Auch guete Gesundheit."

Kepler erklärt das als einen Überrest aus der papistischen Zeit.

Ferner hatte sie dem Totengräber auf dem Gottesacker gesagt, er solle den Schädel ihres Vaters ausgraben; sie wolle ihrem Sohn einen Pokal daraus verfertigen.

Kepler bemerkt, das habe andere Ursachen. In keinem alten Rechtsbuch sei ein Fall bekannt, wo mit dem Schädel von verstorbenen Bekannten Hexerei getrieben worden sei. In der Tat ist es ein Brauch, der sich auch noch im 19. Jahrhundert nachweisen läßt, aber nichts mit Hexerei zu tun hat.

Die übrigen Anschuldigungen sind größtenteils lächerliche abergläubische Behauptungen von der Art: der X bekommt einen Hexenschuß im Moment, wo die Frau Kepler draußen am Hause vorbeigeht.

Kepler weist nach, daß kein Beweis für die Richtigkeit dieser Beschuldigung vorliege, da der Hexenschuß auch sonst hätte kommen können. Die Akten wurden vor dem Urteil auf Befehl des Herzogs an die Juristische Fakultät von Tübingen zur Begutachtung geschickt, und diese erkannte auf die Befreiung von der eigentlichen Tortur, indem sie erklärte, die Indizien seien zum Teil nicht genugsam, weil nicht von zwei Zeugen approbiert, auch sollten so hohen Alters Personen nicht realiter torquiert werden. Endlich, nach einjähriger Haft, fand die peinliche Befragung statt. Die über siebzigjährige, nicht unbedeutende Frau benahm sich dabei geschickt. Nachdem man sie erinnert, daß sie vor großen Schmerzen stehe, fiel sie auf die Knie nieder, betete ein Vaterunser und sagte, Gott solle ein Zeichen tun, wenn sie eine Hexin oder Unholdin sei. Das Zeichen kam nicht und man ließ sie frei. Sie starb nach wenigen Monaten. Der relativ günstige Ausgang des Prozesses ist wohl der hohen Stellung Keplers zu verdanken.

110

Wir kommen nun zu dem, was Kepler das Wichtigste war, zur Religion. Wenn wir uns mit seinen Schriften über dieses Gebiet beschäftigen, so fällt uns manches auf, was in damaliger Zeit anders war als heute.

Von der Lehre, Luther habe die Reformation gemacht, findet sich bei ihm noch nichts. In seiner hochinteressanten lateinischen Schrift über den neuen Stern im Fuß des Schlangenträgers gibt er eine brillante Übersicht über die Zeit von 1450 bis 1600, die Zeit des sogenannten wässerigen Trigons. Es ist vielleicht die erste Zusammenfassung dessen, was wir Renaissance nennen, geschrieben kurz nach Ablauf dieser Periode. Hier lesen wir: „Aus den Akademien und aus der Freiheit der Wissenschaft, ferner aus der Menge der Bücher und der Bequemlichkeit des Druckes, vor allem aber aus der öffentlichen Bildung und Unruhe ist diese gewaltige und für alle Jahrhunderte denkwürdige Trennung der meisten europäischen Provinzen vom römischen Stuhl erfolgt. Sie läßt sich nicht aus den natürlichen Kräften erklären, sondern ist einer direkten Einwirkung der göttlichen Vorsehung zuzuschreiben. Das geben selbst ihre Gegner zu." (Darunter versteht er die katholischen Astrologen.)

Sehr charakteristisch ist ferner, daß Kepler unter katholisch protestantisch versteht. Das stammt von der Augsburgischen Konfession. Diese von Melanchthon abgefaßte Schrift stellt sich auf den Standpunkt, daß es nur *eine* christliche Kirche gebe, die darum die katholische heißt; zu ihr gehören die Lutheraner, die Päpstlichen oder Römischen und andere. Diese großartige Lehre wird von Kepler stets verfochten. Mit spezifisch Lutherischen Dogmen hat er früh gebrochen. Schon als dreizehnjähriger Knabe ließ er sich aus Tübingen theologische Schriften kommen, und eines Tages sagte ihm ein Kamerad: „Bachant, hast auch tentationes de praedestinatione" (Anfechtungen betreffend die Prädestination). In die Zeit seiner Studien, 1587 bis 1591, fällt die furchtbare Verfolgung der sogenannten Kryptokalvinisten durch die Lutheraner in Sachsen. In Wirklichkeit handelte es sich um die Vernichtung der Tradition Melanchthons. Dessen Schwiegersohn, Peucer, war zwölf Jahre lang eingekerkert worden. Diese Dinge müssen auf den jungen Kepler einen entscheidenden Eindruck gemacht haben. Die Dogmen Luthers waren auch in Württemberg schon vor 1580 durch die Annahme der sogenannten Konkordie als bindend eingeführt worden. Kepler wich insbesondere in der extremen Lehre von der Ubiquität von ihr ab. An den Pfarrersberuf war unter diesen Umständen nicht zu denken, und er war froh über die Grazer Berufung als Mathematiker. Nach der Entdeckung der Weltharmonie reiften auch seine religiösen Ansichten immer mehr aus. Der Konkordie warf er vor allem vor, daß sie jede Einigung mit den Kalvinisten und Katholiken verunmögliche. Er tadelte, daß in der Abendmahlsfrage Subtilitäten in eine allgemeine Konfession auf-

genommen werden, statt daß sie unter den Gelehrten verhandelt werden.
Überhaupt enthalte sie Neuerungen.

Als er sich 1610 um die Mathematikprofessur in Tübingen bewarb, erklärte er gleichzeitig freimütig, er könne die Konkordie nur unter gewissen Reservationen unterzeichnen. Als dieses Schreiben dem württembergischen Konsistorium zur Begutachtung vorgelegt wurde, bemächtigte sich dessen eine große Aufregung. — Es wäre nicht im Geiste Keplers gehandelt, wollte man seine Gedächtnisfeier dazu verwenden, die ziemlich üble Geschichte wieder aufzuwärmen. Seine Berufung aber wurde dadurch verunmöglicht.

Eine weitere Folge war, daß Kepler in Linz nicht zum Abendmahl zugelassen wurde. Pfarrer Hitzler hatte hierüber vom Konsistorium strenge Weisung erhalten. Vergebens wandte sich Kepler an die Tübinger Fakultät. Der Theologe Hafenreffer stellte sich auf die Seite des Konsistoriums. Dieser Briefwechsel ist jedoch, im Gegensatz zum Verhalten des Konsistoriums, sehr irenisch geführt; auch mit Pfarrer Hitzler blieb Kepler in dauerndem Verkehr. Er erteilte von dieser Zeit an seiner Familie selber das Abendmahl unter Verlesung eines Textes, der, bis auf eine kleine Stelle, auch von Hafenreffer gebilligt wurde. Seine Familie hat er nie in diese Streitfragen hineingezogen, getreu dem Grundsatz, daß intellektuelle Subtilitäten nicht vor die Gemeinde gebracht werden sollen.

Vielleicht noch größer sind seine Gegensätze zur römischen Kirche. Oft war ihm der Übertritt von Freunden nahegelegt worden, insbesondere vom bayrischen Kanzler Herwarth von Hohenberg sowie vom Jesuitenpater Guldin aus St. Gallen, der als angesehener Mathematiker in Wien lebte. Er hätte Reichtum und glänzende Stellungen haben können, hat aber stets abgelehnt. Er verurteilt, daß die römische Kirche das Recht der Auslegung der Heiligen Schrift einzig für sich beanspruche und den menschlichen Verstand in Ketten lege. 1628 schreibt er an Guldin: „Ich bleibe in der katholischen Kirche; und so bin ich bereit, um der Ablehnung dessen willen, was ich nicht als apostolisch und also auch nicht als katholisch anerkenne, nicht nur die Belohnungen fahren zu lassen, die mir gegenwärtig hingehalten werden ... sondern auch die österreichischen Länder, das ganze Reich und, was noch viel schwerer wiegt, als dieses alles, die Astronomie selber. Ich würde hinzufügen: ‚auch das Leben‘, aber der Mensch hat kein Verfügungsrecht über das, was ihm Gott nicht anheimgestellt hat. Werde ich geduldet unter jenen wenigen Vorbehalten, so bin ich bereit, in Schweigen und Geduld meine Wissenschaft unter den Anhängern der vorherrschenden Partei zu pflegen und zu vervollkommnen. Ich werde mich aller Schmähungen, Verspottungen, Gehässigkeiten, Verunglimpfungen enthalten. Aus den Predigten werde ich jeweils soviel in mich aufnehmen, als darin göttliche Gnade aufleuchtet. Prozessionen und ähnliche Handlungen werde ich meiden, um niemand zum Ärgernis zu gereichen, nicht weil ich die Teilnehmenden verurteile, sondern weil es nicht das gleiche ist, wenn zwei das gleiche tun. Ja unter einer gewissen Bedingung kann ich auch der Messe anwohnen und meine Gebete mit den Gebeten der übrigen Gläubigen vereinigen, wenn nämlich mein und aller Meinigen Protest angenommen wird, insofern wir nicht dem zustimmen, was nach unserer Überzeugung ein Irrtum ist, sondern nur dem allgemeinen und letzten, heiligen und katholischen Zweck der Messe: Gott unsere Gebete und das Opfer des Lobes und der guten Werke darzubringen im Hinblick auf jenes einzige, auf dem Altar des Kreuzes vollzogene Opfer; dieses Opfer auf uns anzuwenden, die Kirche durch jene sichtbaren Handlungen über diese Anwendung und über das Gedächtnis des Todes des Herrn zu belehren."

Das heißt man: die Vorstadt verbrennen, um die Festung sich zu erhalten. In einer deutschen Schrift hat er seinen Standpunkt ausführlich begründet. Sie erschien ohne Namen 1623 und trägt den Titel: „Glaubensbekantnus und Ableinung allerhand desthalben entstandener ungütlicher Nachreden". „Es ist ein alt Teutsches Sprichwort: Fromm soll man sein, aber nit gar zu fromm. Wer dies kann, der kann vielleicht mehr dann ich. Ich bin ja deren keiner, der zu jeder Zeit Ziel und Maß wußte zu treffen. Ich hab vermeint, ich woll mich der Heuchelei abtun und in Gottes Sachen eine gewissenhafte, ja Teutsche Redlichkeit brauchen." So beginnt das Werk, später heißt es: „Es ist zwar wol ein aergerliche und bei dem gemeinen unberichten Mann ein sehr kitzlige Auflag, daß jemand so verwegen, stolz und aufgeblasen sein solle und es mit keiner Partei halten wölle. Aber ich bezeug es mit Gott, daß ich mich dessen nicht freue, noch auch mir darinnen wohlgefalle oder gern gesehen werde, als einer der etwas sonders habe. Es tut mir im Herzen weh, daß die drei großen factiones die Wahrheit unter sich also elendiglich zerrissen haben, daß ich sie stuckweise zusammensuchen muß, wa ich deren ein Stuck finde. Ich hab sein aber nit zu entgelten. Viel mehr befleiße ich mich, die Parteien zu conciliiren, wa ich es mit der Wahrheit kann, damit ich es doch ja mit ihrer vielen halten könnte."

Das Interessanteste ist, daß er einen Gedanken, den er schon im Buch über den neuen Stern ausgesprochen hatte, wieder aufnimmt: Es soll ein öffentlich Concilium gehalten werden und in demselben die zerfallene Kirchendisziplin wieder hergerichtet, die Kirchen reformiert und gebessert werden usw., in summa eine erwünschte *vernünftige* Reformation.

Zum Schluß lehnt er es ab, seine Ausschließung vom Abendmahl als Verfolgung zu bezeichnen, zählt immerhin die vielen Übel auf, die ihm dadurch erwachsen sind und weiter erwachsen können.

Man hat Kepler vorgeworfen, er sei nicht kompetent in diesen dogmatischen Fragen. Dagegen ist zu bemerken, daß er Theologie nicht nur auf der Universität, sondern sein ganzes Leben lang studiert hat und die Kirchenväter sowie die Reformatoren in ihren Schriften genau gekannt hat, vor allen Dingen aber die Bibel. Schon seine chronologischen Studien über das wahre Geburtsjahr Christi, über die Daten der jüdischen Geschichte u. a. lassen das erkennen. Von den schweren Opfern, die er für die Religion gebracht hat, war schon die Rede; bei der Ausschaffung aus Graz schreibt er an Mästlin: „Ich hätte nicht geglaubt, daß es so süß ist, für Christi Ruhm Schaden und Schimpf zu erleiden, Haus, Äcker, Freunde und Heimat zu verlassen. Wenn es beim eigentlichen Martyrium und bei der Hingabe des Leibes sich ebenso verhält und das Frohlocken um so größer ist, je größer der Verlust, so ist es ein leichtes, für den Glauben auch zu sterben." — Man kann sagen, daß alle Mühsale seines bewegten Lebens aus dem Festhalten an seiner Überzeugung entsprangen.

Es gibt noch einen höheren Gesichtspunkt, von dem aus Keplers religiöse Sendung zu beurteilen ist. Jacob Burckhardt gibt als Charakteristikum der historischen Größe von Menschen die Beziehung auf das Allgemeine an. „Ihr Gegenstand ist das Weltganze von all seinen Seiten, den Menschen nota bene inbegriffen, sie allein übersehen und beherrschen das Verhältnis des Einzelnen zu diesem Ganzen und vermögen daher den einzelnen Wissenschaften die Richtungen und Perspektiven anzugeben. Gehorcht wird, wenn auch oft unbewußt und widerwillig; die Einzelwissenschaften wissen oft gar nicht, durch welche Fäden sie von den Gedanken der großen Philosophen abhängen." Von Kopernikus, Kepler und Galilei sagt er im besonderen: Nur auf ihren Resultaten beruht alle weitere Betrachtung des Weltganzen, ja alles Denken überhaupt. Alles Denken ist erst frei geworden, seit Kopernikus die Erde aus dem Zentrum der Welt verwiesen hat.

Darum ist die Tatsache, daß Kepler zu der Religion Stellung genommen hat, nicht unerwünscht, sondern von großer Bedeutung. Seine tiefste Überzeugung war doch wohl diese: Wenn einmal die Menschen die wunderbare Harmonie, die in den himmlischen Sphären herrscht, erkennen und davon durchdrungen sind, dann können sie gar nicht anders, als auch im irdischen Leben diese Harmonie einführen. — Das hoffte er von dem zukünftigen Leser seines Buches. Daß diese Einigung, die er insbesondere für das Christentum erstrebte, bald erreicht werde, dieser Illusion hat er sich nicht hingegeben. Aber er glaubte an eine langsame beharrliche Wirkung.

Und hier müssen wir auf die erstaunliche Verwandtschaft mit Dantes Lebensstimmung hinweisen. Auch er hat das Weltganze erblickt und ähnliche Hoffnungen über die Wirkung seiner Entdeckungen gehegt. Nur betrafen sie das politische Leben in erster Linie. Auch er ist dafür in die Verbannung gegangen und wurde sich selbst Partei.

Wenn heute zwei große Institutionen ins Leben gerufen worden sind, welche diese beiden Postulate der politischen und religiösen Einigung zu verwirklichen suchen, so ist es gerecht, daß man der beiden großen Gesetzgeber der Menschheit gedenkt, die ihnen ihr ganzes Leben und Leiden geweiht haben.

Nach der Vertreibung aus Linz 1625 gelangte Kepler schließlich zu Wallenstein nach Sagan in Schlesien. Er arbeitete an der Abfassung von Ephemeriden. Gerne wäre er nach Straßburg gekommen; hier in der oberrheinischen Ebene, der Heimat der Urreformation, war ohne Zweifel auch seine wahre geistige Heimat. Die Mischung von Urbanität und hoher wissenschaftlicher Fähigkeit, wie sie etwa sein Freund Bernegger repräsentiert, konnte er nur hier finden. Leider mußte er darauf verzichten; aber wenigstens *ein* altelsässisches Friedensidyll mitten im Krieg erheiterte seinen Lebensabend: die Hochzeit seiner Tochter mit dem Mathematiker Bartsch. Bernegger berichtet ihm ihren Verlauf auf das reizendste: „Die Trauung ist vorgestern nach christlichem Ritus unter guten Vorzeichen im Münster vollzogen worden. Dem Bräutigam stand an Stelle des Vaters der Rector Magnificus zur Seite und außerdem Dr. Sebizius, der den Bräutigam am gleichen Morgen mit dem Doktorhut geschmückt hatte, ferner Dr. Malleolus, zu dessen Nachfolger auf dem Lehrstuhl für Mathematik der Bräutigam durch Beschluß des akademischen Rates ernannt ist. Ich selber habe auf Euer Geheiß Eure Stelle einigermaßen vertreten, unterstützt von Euerm trefflichen Bruder Christoph und Eurem Sohn Ludwig. Meine Frau, die ihr als Brautmutter gewünscht habt, konnte diese Stelle nicht versehen, da sie vor kurzem glücklich mit einem Töchterchen niedergekommen ist. Bei der Taufe, zwei Tage vor der Hochzeit, habe ich den Bräutigam und die Braut als Zeugen zugezogen. Ich tat dies, um damit das Band zwischen uns enger zu knüpfen sowie als glückverheißendes Vorzeichen für den neuen Ehebund. Im übrigen bestand der Hochzeitszug aus den ersten Männern und Frauen aller Stände, somit aus der Blüte der ganzen Stadt. Es kamen so viele Menschen zusammen, wie ich selten gesehen habe. Überall waren die Straßen voll, durch die wir kamen. Glaubt aber nicht, daß diese Ehre allein dem Bräutigam und der Braut galt. Sie galt vor allem Euch...

Nach der kirchlichen Handlung empfing uns ein Mahl, das so prächtig ausgestattet war, als es die Lage der Zeit gestattete. Der Magistrat hatte zwei Eimer edlen Weins gestiftet... Nichts fehlte zum Frohsinn, nur die Musik, der wir schon längerer Zeit Schweigen geboten haben, um nicht Hannibal nachzuahmen und zu lachen, während andere über die öffentlichen Heimsuchungen weinen."

Das war im März 1630. Ein halbes Jahr darauf ritt Kepler einsam, ein
kranker Mann, von Sagan nach Regensburg. Er kam Anfang November
an und verfiel in ein Fieber, dem er am 15. November erlag. An seiner
Beerdigung nahmen viele hohe Mitglieder des Reichstages, die er persön-
lich gekannt hatte, teil. Sein Grab ist wegen einer kurz darauf erfolgenden
Belagerung der Stadt nicht mehr gefunden worden. Die Grabschrift hat er
selber verfaßt. Sie lautet auf deutsch:

> „Himmel durchmaß mein Geist,
> nun meß ich die Tiefen der Erde.
> Ward mir vom Himmel der Geist,
> ruht hier der irdische Leib."

Im lateinischen Original kommt der Gleichklang der Worte mensus und
mens, messen und Geist, zu seinem Recht. Nikolaus Cusanus hatte ihn zum
Motiv einer seiner Hauptschriften gemacht. Das Epitaph ist ein Distichon
und lautet:

> „Mensus eram coelos, nunc terrae metior umbras,
> Mens coelestis erat, corporis umbra iacet."

NOTENBEISPIELE

In diesen Erläuterungen wird nicht der Versuch gemacht, das Kunstwerk in
seinem ganzen Aufbau zu studieren. Es soll vielmehr nachgewiesen werden,
daß ein Musikstück gerade in seinen kleinen Teilen nach strengen formalen
Gesetzen aufgebaut ist, und die Beispiele sollen eine Anleitung dazu geben,
wie man diese Kleinformen sehen kann. Wer dies an ein paar Beispielen
eingeübt hat, wird nachher bloß darüber erstaunen, daß er es nicht schon
immer gesehen hat. Zur Terminologie ist zu bemerken, daß der Ausdruck
„Bar“ in der Poetik nur bei genauer Wiederholung des Stollens verwendet
wird, während in der Musik der Stollen fast immer mit einer Veränderung
wiederholt wird. Ferner ist die musikalische Form symmetriehaltiger, als
der Ausdruck „Bar“, nämlich a, a, b, anzeigt. Daher wäre eine vollstän-
digere Terminologie nötig, doch habe ich hierzu keine Ansätze gemacht.

Nun mögen die einzelnen Beispiele kurz erläutert werden:

1. gibt das zweite Thema des 1. Satzes von Mozarts Klavierkonzert in
A-dur wieder. Es ist ein Bar mit barförmigem Abgesang, die Taktzahl ist,
wenn man von den Auftakten absieht: 2, 2; 4 (= 1, 1; 2).

1.

2. zeigt dasselbe Schema. Es ist das erste Thema der Klaviersonate von
Beethoven in f-moll, op. 2. Man beachte die Akzente, die wir etwa durch

folgendes Schema wiedergeben können, wobei jeder Strich dieselbe Zeit-
dauer darstellt:

Nach diesem Schema verläuft auch das erste Thema der c-moll-Sinfonie
Nr. 5 (Takt 6-21), ferner das erste Thema der Sonate für Hammerklavier,
op. 106 (Takt 1-8), mit den Zahlen 2, 2; 1, 1; 1/2, 1/2; 1/4, 1/4; 1/2; überhaupt kann man es als Norm für Beethoven bezeichnen. Weitere Beispiele
sind: Klaviersonate C-dur, op. 2, erstes Thema (2, 2; 1, 1; 1/2, 1/2; 1),
Sonate in e-moll, op. 90 (4, 4; 2, 2; 1, 1; 2) und unzählige andere.

2.

3. weist noch einmal dasselbe Schema auf, diesmal an einem Thema aus
der Alpensinfonie von Strauß. Die Taktzahlen sind unter Vernachlässigung

3.

118

des Auftaktes: 2, 2; 1, 1; 1/2, 1/2; 1. Gleichgebildet ist in derselben Sinfonie das Thema des „Ausklanges".

4. gibt ein Muster für einen Bar vom Typus a, a; a b mit der empfindlichen Stelle im Abgesang zwischen a und b. Es ist der Beginn von Chopins Mazurka op. 68, Nr. 4.

4.

5. ist ein Beispiel für die Repetitionsform a, b; a, c; der Beginn der As-dur-Ballade von Chopin. Hier ist das Motiv a bei der Wiederholung in den Baß verlegt.

5.

6. gibt einen superponierten Bar aus dem Klavierkonzert in C-dur von Mozart (Koechel 467). Der übergeordnete Bar hat die Taktzahl 2, 2; 4, die Teilbare 1/2, 1/2; 1 und 1, 1; 2.

7. ist eine bekannte Partie aus der „Aida" von Verdi. Der übergeordnete Bar hat die Taktzahl 4, 4; 4. Die Teilbare gehören zu dem bei Verdi normalen Typus a, a, a b.

8. gibt den Beginn des Rondos in der Es-dur-Sonate für Klavier op. 7 von Beethoven. Das Schema ist nach dem Kanon von „Hänschen klein"

a, a; b. a, a; b. c, c. a, a; b,

nur ist es noch kompliziert dadurch, daß Beethoven den Abgesang b nach seiner Gewohnheit selber als Bar formte.

8.

Noch kunstvollere Gebilde findet man in Durchführungen von Sonaten und Sinfonien. Man studiere z. B. die 24 Takte in der Durchführung der g-moll-Sinfonie von Mozart (Takt 39-62 nach dem Doppelstrich mit Auftakten). Es sind drei Bare von je 8 Takten, die ihrerseits unterteilt sind bis auf das anapästische Motiv aus drei Tönen, das dem ganzen Satz zugrunde liegt. Ebenso symmetriehaltig bis ins letzte ist die erste Partie der Durchführung in der Waldsteinsonate, op. 53, von Beethoven (Takt 11-26 nach dem Doppelstrich). Sie besteht aus einem Bar mit den Taktzahlen 4, 4; 8. Die beiden Stollen und der Abgesang sind selber wieder Bare von dem speziellen Typus a, a; a b. Schließlich sind im Abgesang die Stollen selber Bare vom eben genannten Typus mit den Taktzahlen 1/2, 1/2; 1.

Zum Schluß möchte ich noch einmal wiederholen, daß es sich bei der Auffindung der Symmetrien erst um die Entzifferung des Kunstwerkes handelt. Das Entsprechende bei der Lektüre einer mathematischen Abhandlung wäre das Verständnis des Details in den Beweisen. Aber die Symmetrien sind nicht der letzte Zweck des Kunstwerkes, ebensowenig wie die Theoreme und Beweise den wahren Inhalt einer mathematischen Abhandlung bilden. Sondern es ist das ganze Gebilde selber, das in zerteilter Form uns vorgelegt wird, das wir aber als Einheit erfassen müssen. Erst dadurch werden die Teile belebt. Aber niemand wird dorthin gelangen, der nicht vorher das Einzelne genau studiert hat.

ERLÄUTERUNGEN ZU DEN TAFELN

Tafel I (Abb. 1-4). Die ausgedehnte Gräberstadt am Westrand des Nil-
tales bei Luxor in Oberägyten besteht aus unzähligen in den Fels gehauenen
Wohnungen für die Verstorbenen. In ihrer herrlichen Lage am Ostabhang
eines zerklüfteten Gebirges aus rotem Stein, in ihrer reizvollen Ausstattung
bildet sie eines der schönsten Villenviertel der Welt. Die Decken der Säle
in den Privatgräbern sind stets mit geometrischen Mustern verziert; ihre
Inventarisierung habe ich im Frühjahr 1928 gemeinsam mit meiner Frau
und mit Dr. Wolfgang Graeser vorgenommen. Unsere Tafel zeigt das für
die Ornamentik wichtigste Grab 65 in Aufnahmen Graesers. Man betritt
von außen kommend einen Saal von zwanzig Metern Länge und fünf
Metern Tiefe. Die Eingangstür befindet sich in der Mitte einer Längswand.
Sechs Säulen mit 16eckigem Querschnitt stehen in der Längsachse des Saales
in einer Reihe. Dadurch wird die Decke in vier Hauptfelder eingeteilt,
vom Eingang aus gesehen laufen zwei nach links, zwei nach rechts. Abb. 1
gibt das vordere Feld rechts, Abb. 2 das vordere Feld links, Abb. 4 einen
Einblick in das hintere Feld rechts. Geht man vom Eingang geradeaus, so
gelangt man in den gewölbten Raum, der in Abb. 3 wiedergegeben ist.
Seine Decke besteht aus vierzehn Teilmustern. Außerdem finden sich noch
an vielen anderen Stellen, z. B. zwischen den Säulen, Ornamente. In die
eigentliche Grabkammer gelangt man am Ende des Ganges durch einen
Schacht hinunter.

Das Ganze macht einen farbigen, sehr freundlichen Eindruck, die Wände
sind mit Bildern aus dem Privatleben geschmückt.

Tafel II enthält einige ägyptische Ornamente. Abb. 1 stellt eine Spiral-
figur dar. Von einem Kern gehen zwei Spiralen nach oben und nach unten
aus und bilden Streifen. Da wo sie sich berühren, ist eine zackige Figur angebracht, die gewöhnlich als Lotus bezeichnet wird, trotzdem sie mit der
gleichbenannten Pflanze keine Ähnlichkeit aufweist. In Wirklichkeit handelt es sich um eine Spitze in der Mitte, hierauf um zwei weitere Spitzen,
die rechts und links angebracht sind, schließlich noch einmal um vier Spitzen
in den vier Zwischenräumen. Abb. 2 gibt ein neues Spiralmotiv mit anderer Symmetriegruppe. An den Rhomben werden die beiden Spiegelachsen
und die Drehachse fühlbar, an den Verzierungen in den herzförmigen Teilen die Gleitspiegelachsen. Die eigentümliche Figur, die von den Spiralen begrenzt wird und aus dem rhombischen Mittelteil sowie zwei herzförmigen

verstehen — sie stammt aus Assiut —, muß man von der eckigen C-Figur
ausgehen, welche in ihrem mittleren Teil ein Quadrat enthält. Durch Gleit-
spiegelungen und Translationen entstehen die übrigen. Zwischendurch zieht
sich eine vielverzweigte Linie. Man beachte die Verzierung des Quadrates,
sie besitzt keine quadratische Symmetrie und verhindert damit in wirksamer Weise ein Hervortreten höherer Symmetrie, als die Figur zuläßt.
Tafel IV, Abb. 1 und 2 geben Vereinfachungen der Ornamente II 3 und
4, ferner enthalten die Abb. IV 3 und 4 ein Mäandermotiv, das aus III 3
entstanden ist, aber nicht die volle Symmetrie enthält. Die beiden Figuren
unterscheiden sich nur um eine Drehung von 45 Grad, aber das genügt
schon, um einen ganz verschiedenen Eindruck hervorzurufen.

Die beiden untenstehenden Skizzen (Fig. 2, 3) sollen die Unterschiede
zwischen C- und S-Spiralen verdeutlichen. Die ungleich wichtigere Figur 2
entspricht Abb. II 4. Man findet Ausschnitte dieses Ornamentes in der grie-

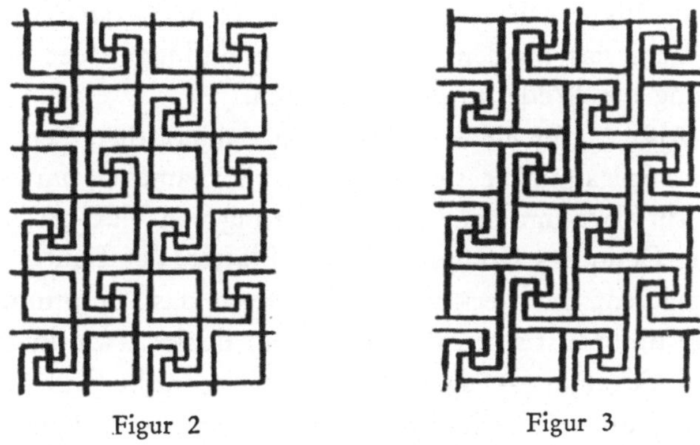

Figur 2   Figur 3

chischen, chinesischen und arabischen Kunst. Beim dorischen Tempel von
Metapont in Sizilien ist es am Gesimse angebracht. Das Studium einer solchen Figur ist zweifellos eine mathematische Tätigkeit; sie gehört der vor-
griechischen Mathematik an, und es ist bemerkenswert, daß die betrachteten
Ornamente über die griechische Zeit hinweg kontinuierlich ihre Wirkung ausgeübt haben und noch heute einen Hauptbestandteil aller Dekoration bilden.

Als Beispiel für die griechische Leistung auf unserem Gebiet gebe ich den
Votivschild auf Tafel V aus der hellenistischen Zeit. Die Gesamtfläche ist
in neun Kreise eingeteilt, einen mittleren und acht tangierende.

Ich numeriere sie nach dem nebenstehenden Schema.

Feld 1 bildet eine Einteilung der Ebene in reguläre Acht-
ecke, Quadrate, ferner Rhomben und Sterne mit acht Spitzen. Sie ist ins Unendliche fortsetzbar nach allen Seiten.
Eine ähnliche Figur findet sich bei Kepler, „Harmonice mundi,"
2. Buch, Fig. Y (Opera ed. Frisch Bd. 5, S. 120). Doch ist

1

8   2

7   9   3

6   4

5

die vorliegende etwas komplizierter. Nr. 2 und 3 sind Muster mit quadratischer Symmetrie. Die Füllungen entsprechen nicht den Symmetrien, überhaupt handelt es sich nur um eine handwerkliche Leistung; die Ornamente scheinen ziemlich wahllos einem Musterbuch entnommen zu sein. Nr. 4 stellt eine recht komplizierte Weiterbildung der Spiralmotive in einem hexagonalen Gitter dar. Nr. 5 gibt eine trigonale Figur ohne unendlichen Rapport wieder; Nr. 6 ist eine hübsche Überarbeitung der quadratisch angeordneten, sich überschneidenden Kreise, die sich in Ägypten häufig finden; 7 ist eine Rosette. Feld 8 muß von den Quadraten aus angesehen werden; an jedes derselben schließen sich vier Rhomben an. Man erkennt sofort die Symmetrie von Abb. 4, Tafel II, das Muster ist mehr geistreich als schön. Das mittlere Feld 9 zeigt richtige logarithmische Spiralen. Man kann leicht auch die in entgegengesetzter Richtung verlaufenden Spiralen erkennen.

Interessant ist das Studium der Füllungen, insbesondere der Abschlüsse. Die hexagonale Figur 4 bereitete dem Arbeiter unübersteigliche Schwierigkeiten. Man sieht das an den quadratischen Füllungen der Sechsecke und an der Richtung der Wedel in den Dreiecken.

Tafel VI, Abb. 1 gibt ein Beispiel aus der minoischen Zeit in Kreta. Es zeigt, wie das Spiralmuster sich in Pflanzenornamente umwandeln läßt. Daß es sich nicht etwa um eine Geometrisierung von Blättern handelt, kann man beweisen. Denn das Komplement der Blätter, der Hintergrund, bildet selber ein Ornament. Man erkennt in ihm sogar das Hauptmotiv der Arabesken. In der naturalistischen Kunst — man denke etwa an Stilleben von Chardin oder Cézanne — wird man so etwas nicht finden; die beiden Sehweisen, die geometrische und die naturalistische, schließen einander aus. In unserem Bild ist die Geometrie das Agens, das aus sich die vegetativen Formen hervorbringt gemäß der belebenden Kraft, die von den Symmetrien ausgeht. Aus demselben Geist stammen die figürlichen, aber streng geometrisch komponierten Mosaiken, von denen man ganz erstaunliche Stücke im Neapler Museum findet. Als Beispiel möge der spätrömische Stierkopf, Abb. 2, dienen, der von einem Mosaik in Aquileia entnommen ist. Man kann daran die ganze Hierarchie der superponierten Formen, vom einzelnen rechteckigen Stein über die Kurven bis zur Gesamtfigur überschauen. Schließlich geben die Abb. 3 und 4 zwei Beispiele von Cosmatenarbeit. Beide bestehen aus sechs Schlingen, welche Rechtecke und Kreise hervorbringen. Die zahlreichen Felder enthalten lauter verschiedene Muster.

Tafel VII zeigt arabische Ornamentik. Stets muß man der Umrahmung der Felder folgen und so die Grundfigur aufsuchen, durch deren Wiederholung alles entsteht. In Abb. 1 erkennt man eine einfache trigonale Figur als Element. Durch die verschiedenen Möglichkeiten der Färbung werden

126

die mannigfachen Kräfte des Ornamentes in Tätigkeit gesetzt. In Abb. 2 ist das Grundpolygon schwerer zu finden. Man beginnt am besten ganz oben in der Mitte und geht nach links weiter. So erkennt man, daß es sich um ein großes kreisförmiges Polygon handelt, das um das ganze Bild herumgeht und in unserer Reproduktion leicht hervorgehoben ist. Die ganze Figur entsteht durch Translation dieses einen Linienzuges. Sie ist, wie die vorige, hexagonal und liefert dasselbe Bild, wenn man sie um 60 Grad dreht. Durch geschickte Anordnung der Polygonseiten hat der Künstler es verstanden, quadratische Figuren anzubringen, die organisch nicht in einem hexagonalen Ornament vorkommen können, ja sogar einen ziemlich genauen fünfstrahligen Stern kann man erkennen. Solche Kombinationen hervorzubringen war das eigentliche Bestreben der arabischen Ornamentiker, und ich verweise hier auf die Publikation Frl. Edith Müller: „Gruppentheoretische und Strukturanalytische Untersuchungen der Maurischen Ornamente aus der Alhambra in Granada", 1944.

Abb. 3 und 4 geben noch zwei Spezimina der auffallendsten arabischen Muster mit Sternen. Ihre Auflösung erfordert einige Geduld, aber sie lohnt sich, weil man dadurch einen vorzüglichen Einblick in die orientalische Denkweise bekommt. Unglaublich viel Scharfsinn steckt in diesen Mustern, deren es eine Unzahl verschiedener gibt. Die beiden Beispiele, die hier abgebildet sind, gehören zusammen und liefern denselben Grundgedanken in quadratischer und hexagonaler Bearbeitung. Die Tätigkeit dieser Künstler kommt der musikalischen Komposition sehr nahe, man denke vor allem an den Kanon.

Wie auch das Kunstgewebe von der Geometrie Anregung empfängt, soll durch die Tafel VIII illustriert werden. Die Bilder sind wahrscheinlich Goldschmiedrisse und dadurch ausgezeichnet, daß die Konstruktionslinien mitgegeben sind. Die Initialen weisen nach einer Mitteilung von W. Überwasser auf den seinerzeit berühmten Schüler Raffaels, Polidoro da Caravaggio (1495-1543). Abb. 1 gibt einen in ein Quadrat komponierten Becher, die beiden folgenden zeigen das parabolische Profil, und zwar deutet in der 2. Abb. das Quadrat an, wie weit dieses verläuft, denn außerhalb desselben, also unten herum, wird der Umriß kreisförmig. Man beachte auch, wie die Henkel die Seiten des Quadrates tangieren. Derartige Alignements sind für das Kunstgewerbe wichtig.

Tafel IX gibt Dürers Allerheiligenbild wieder. Es stellt eine Vision mit zwei Horizonten dar, dem irdischen, nahe am unteren Rand, und demjenigen der Vision. Die Ellipse reicht bis zu diesem letzteren und enthält die himmlischen Heerscharen sowie die Häupter des Kaisers und des Papstes. Die göttliche Region ist ganz getrennt von der irdischen. Aber das

Kreuz ruht auf einem kleinen Wolkenkreis (der in der Abbildung verstärkt ist), dem Zentrum des großen Kreises, der auf dem irdischen Horizont aufruht (eine Konstruktion, die z. B. Raffael verwendet). Das geometrische Schema, das dem Gemälde Halt und Harmonie gibt, symbolisiert die Erlösung der Menschheit durch den Kreuzestod Christi, denn die einzige Verbindung Gottes mit der Erde wird durch das Zentrum des großen Kreises hergestellt. Man sieht daraus, wie tief die geometrische Konstruktion in das Kunstwerk eingreift.

TAFELN

Fig. 1

Fig. 2

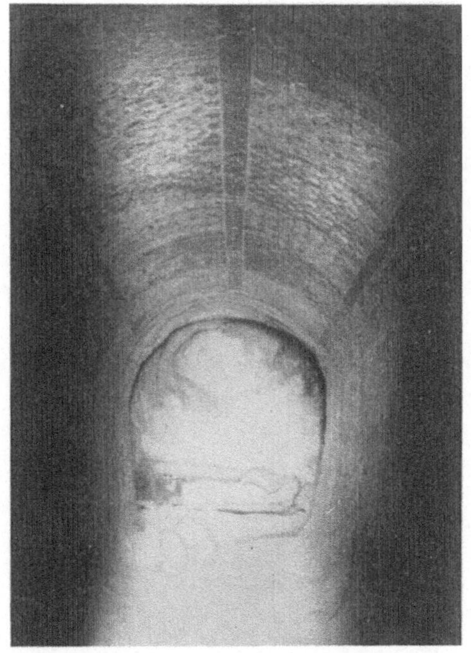

Fig. 3

Fig. 4

Fig. 1

Fig. 2

Fig. 3

Fig. 4

Fig. 1

Fig. 2

Fig. 3

Fig. 4

Fig. 1

Fig. 2

Fig. 3

Fig. 4

Photographie von Gilliéron

Fig. 1

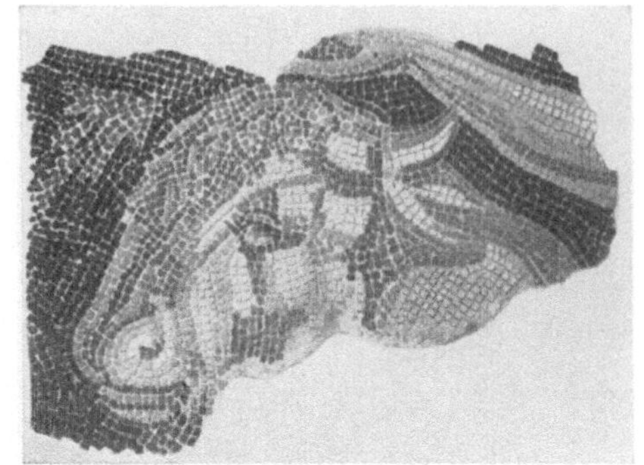

Fig. 2

Fig. 3

Fig. 4

Fig. 1

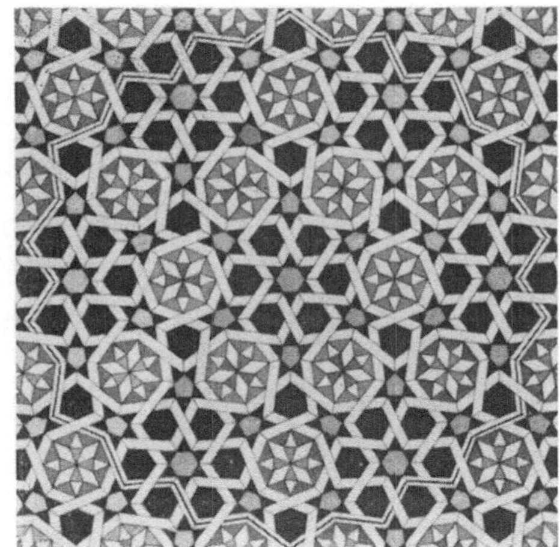

Fig. 2

Fig. 3

Fig. 4

Fig. 1

Fig. 2

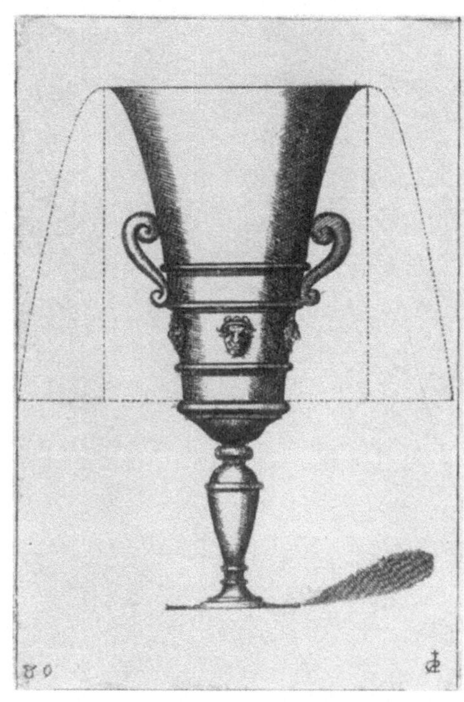

Fig. 3

TAFEL IX